绿色果品高效生产关键技术丛书

梨绿色高效生产关键技术

王少敏 王宏伟 主编

山东科学技术出版社

主　　编　王少敏　王宏伟

副 主 编　魏树伟　张　勇　冉　昆

编写人员　王少敏　王宏伟　张　勇

　　　　　李朝阳　魏树伟　冉　昆

目 录
Contents

一、概　述

(一)梨栽培概况

梨属蔷薇科、梨亚科、梨属。世界梨属植物共有 60 余种,野生于欧、亚及北美三洲。世界上梨的栽培品种有 8 000 余种,主要分属于洋梨、秋子梨、白梨和砂梨 4 个种。据统计,来源于洋梨的品种在 5 000 种以上。起源于我国的梨品种有 3 000 种之多,其中属于秋子梨系统的品种有 300 种左右,属于白梨和砂梨系统的品种均在 1 000 种以上。但世界上主要栽培的品种仅有 200 种左右,我国的主栽品种有 100 多个。

世界梨树的栽培在史前即已开始。大约在 3 000 年以前,古希腊诗人荷马的诗和散文中就有关于梨的记载:"梨是上帝的恩赐之物之一。"公元前 4 世纪,著名的古希腊哲学家席欧夫拉司土斯在其所著的《植物问考》一书中载有:"梨可用种子、根或插条进行繁殖,在种子繁殖的情

1

况下容易失去其原有特性而产生退化现象。"公元前2世纪,罗马的农业哲学家伽托在其所著的有关农业、果树的园艺论文中,对于梨树的繁殖、嫁接、管理和贮藏均有详细叙述,并且记载了6个梨树品种。公元1世纪时,罗马的作家和自然科学家普里尼在其所著的《自然界之史》一书中,又描述35个梨品种。这说明当时梨树栽培不仅盛行,而且已注意了品种的培育和选择。

我国是梨的原产地之一,经济栽培至少已有3 000余年的历史。据《史记》记载,公元前黄河流域已有大面积栽培,而且已有"大如拳、甘如蜜、脆如菱"的优良品种。《广志》、《三秦记》、《洛阳花木记》等古书中,也记载了许多梨品种,如红梨、白梨等,沿用至今。目前梨成为世界重要果树之一,各大洲均有分布,以亚洲、欧洲产量居多,我国梨栽培面积和产量均居世界首位。20世纪50年代,我国梨的栽培面积和产量均多于苹果,在水果生产中仅次于柑橘而居第二位。目前,我国梨栽培面积和产量居苹果和柑橘之后,处于第三位。

据统计,2011年世界梨面积161.41万公顷,产量2 389.66万吨。我国梨面积113.18万公顷,占世界梨栽培面积的70.12%;我国梨产量1 594.50万吨,占世界梨总产量的66.73%。据联合国粮农组织(FAO)统计,我国自1995年至2011年梨栽培面积、产量和单产不断增加(表1)。

表1 我国 1995～2011 年梨面积、产量和单产的变化情况

项目	1995	1996	1997	1998	1999	2001	2002	2003
面积(万公顷)	86.87	94.28	131.76	92.7	98.53	103.5	120.86	107.02
产量(万吨)	505.72	593.43	653.58	739.04	785.98	889.67	909.06	979.84
单产(吨/公顷)	5.82	6.29	4.96	7.97	7.98	8.60	7.52	9.15

项目	2004	2005	2006	2007	2008	2009	2010	2011
面积(万公顷)	108.71	112.05	109.56	107.94	108.26	108.23	112	113.18
产量(万吨)	1 064.23	1 132.35	1 198.61	1 289.5	1 353.81	1 426.3	1 505.71	1 579.48
单产(吨/公顷)	9.79	10.10	10.94	11.95	12.50	13.18	13.44	13.95

注:包括中国台湾省。

在梨主产国中,除中国、日本、韩国、朝鲜、印度外,几乎都生产西洋梨。从世界两大类梨的产量来看,仅中国产的东方梨,产量就超过了世界其他国家西洋梨的产量;2011 年东方梨的主产国中国、日本、韩国三国平均年产量占同期间世界梨总产量的 69.25%,其中我国梨的产量(1 594.5 万吨)占世界梨总产量的 66.73%。在产梨国中,2011 年产量在 20 万吨以上的国家有 13 个。洋梨主产国为美国、意大利、西班牙、德国、阿根廷、土耳其、智利、南非和法国,东方梨的主产国主要是中国,其次为日本和韩国。

世界梨单位面积产量,每公顷平均单产为 14.8 吨,我国每公顷平均单产为 14.1 吨,是世界上梨果主产国中

单产最低的国家之一。如阿根廷、美国、日本、意大利,梨单产分别达 26.5 吨、38.8 吨、20.4 吨、23.5 吨,都远远高于中国。

梨适应性广,分布于全国各地。栽培梨树不仅充分利用自然、土地资源,而且能改善生态环境,促进农村经济的发展。我国梨栽培面积和产量以河北省居首位,其次为辽宁、山东、四川、陕西、甘肃、湖北、吉林、江苏、安徽、云南、新疆、河南、内蒙古、山西等。华北地区是全国最大的梨果产区,主要栽培品种以白梨系统为主,栽培面积和产量占全国总量的 50% 以上;长江以南主要栽培砂梨品种;吉林、内蒙古、辽宁北部、河北北部主栽秋子梨;西北、西南地区凭借有利环境气候条件可栽培砂梨、白梨;华北、辽宁沿海部分果区宜栽培西洋梨。目前,全国主栽优良品种有鸭梨、雪花梨、砀山酥梨、黄县长把梨、莱阳茌梨、早酥梨、晋酥、秦酥、锦丰、金花梨、秋白梨、冬果梨、苍溪雪梨、库尔勒香梨、二十世纪、晚三吉、丰水、幸水、新水、爱宕梨等,西洋梨有巴梨、茄梨、红巴梨等。

在国际市场上,我国梨果主要销往新加坡、马来西亚、日本、美国、加拿大、德国等,出口的品种有鸭梨、雪花梨、黄县长把梨、砀山酥梨、砂梨系统等。据 FAO 统计,我国梨每年出口外销 36 万~44 万吨,仅占当年总产量的 3.1% 左右,出口量不断增加,如 2010 年我国大陆从国外进口梨果 1.26 万吨,进口金额 3 108.2 万美元;我国出口梨 43.8 万吨,出口金额 24 341.7 万美元。

(二)梨栽培的经济意义

梨的营养价值比较高。梨果除含水 80％ 以外,每 100 克新鲜果肉中含蛋白质 0.10～0.28 克,脂肪 0.1 克,总糖 8～9 克,酸 0.26 克,粗纤维 1.3 克,热量 155 千焦,钙 7.2 毫克,磷 6 毫克,铁 0.2 毫克,尼克酸 0.2 毫克,抗坏血酸 3 毫克,胡萝卜素、硫胺素、核黄素各 0.01 毫克。梨果中还含有人体必需的氨基酸如天门冬氨酸、组氨酸、苏氨酸、缬氨酸、异亮氨酸、苯丙氨酸和赖氨酸。另外,梨果还可以加工制成梨干、梨脯、梨汁、梨膏、罐头及梨酒、梨醋等。梨的药用价值也受到人们的重视,中医认为,梨性微寒味甘,能生津止渴、润燥化痰、润肠通便等,主要用于热病津伤、心烦口渴、肺燥干咳、咽干舌燥,或噎膈反胃、大便干结、饮酒过多之症,古代医家还将其用于预防食道癌、贲门癌和胃癌。

梨果对人们的咽干鼻燥、唇干口渴、咳嗽无痰、皮肤干涩等"秋燥"现象,有很好的改善作用。梨还能促进胃酸的分泌,有降血压、退热、解疮毒、酒毒及安抚镇静的作用。高血压患者经常吃梨,可滋阴清热,使血压下降,头昏目眩症状减轻。将冰糖炖梨吃,不但祛除痰热、滋阴润肺,而且对嗓子有养护作用,许多歌唱家、播音员常用此方保养嗓子。梨含有丰富的糖分和多种维生素,有保肝、助消化及促食欲的作用,肝病患者常饮梨汁对健康大有裨益。

(三)梨栽培的发展趋势

在世界范围内,我国梨面积、产量均居首位,并且具有发展梨果生产的诸多有利条件,但也存在许多问题。首先,品种结构不合理问题尤为突出,成熟期比例失调,中熟品种面积过大,晚熟品种数量较少。我国梨的栽培品种以地方名产品种为主,占60%左右,表现为单一性状突出,且大多为中晚熟品种,熟期多集中在9月,大量果品集中上市,造成阶段性过剩,应进行品种结构调整。其次,我国梨果生产还存在管理粗放问题,单产低,品质差。近十年来,我国梨的平均产量都在每公顷9吨左右徘徊,在国际市场很难与日本、韩国和美国的梨媲美,我国每年的梨出口量小,价格也低。第三,技术力量贮备不足,缺乏标准化生产。至今多数梨园仍按照落后的传统方法管理,有的甚至放任不管,任其自然生长和结果。另外,我国果品采后处理、贮运和加工能力不足等。

我国盛产的梨多为东方梨(亚洲梨或中国梨),占世界亚洲梨总面积的90%,总产量的85%以上。国外仅日本和韩国有较多栽培,但面积小,总产量不高,主要供国内消费,出口量较少(如2010年日本梨出口量702吨,占总产量的0.2%,韩国出口量23 094吨,占总产量的7.9%左右,占亚洲梨贸易总量的5%左右)。欧美国家栽培的为软肉型的西洋梨,极少栽培东方梨。因此,我国梨具有较大的出口优势,特别在亚洲市场具有很强的竞争力；另外，欧美国家对清香酥脆的东方梨渐感兴趣，国际市场已从东南亚国家和地区逐步拓展到了北美、欧洲、澳洲和中东地区。同时，我国劳动力资源丰富，产品成本较低，在国际市场上具有很强的价格竞争优势，因此我国梨出口前景看好。从国内市场看，我国人民有喜食梨的传统习惯，而且随着人民生活水平的不断提高，对梨果的需求量将会不断增加。

梨品种结构的调整应以我国选育的优良品种、砂梨系统为主。增加早熟品种所占比例，适当减少中晚熟品种所占比例，把早熟品种的比例调整为 15% 左右，中熟品种比例应占 25% 左右，晚熟耐贮品种比例应调整为 60% 左右。品种调整重点有以下几方面：①增加早熟品种比例。从市场供应角度讲，一般 8 月上旬以前上市的梨为早熟梨，8 月中旬至 9 月前上市的为中熟梨，9～10 月上市的为晚熟梨。早熟梨我国南方栽培稍多，北方栽培较少。我国目前育成了一系列早熟梨良种，如表现优异的早熟梨品种有黄冠、绿宝石、七月酥、早美酥、翠冠、清香、脆绿、早绿、丰香、龙泉酥、新雅、雪青、早酥等，除适应性、抗逆性强外，大果、优质、绿色、耐贮的早熟梨果最受消费者欢迎。②控制砂梨品种规模。日本和韩国梨均属砂梨，以个大、味甜、早果、丰产著称，但长势弱、病害多、贮藏性差，对栽培条件及管理水平要求较高。为此多实行套袋栽培，加强土肥水管理，严格疏花疏果，全面提高果实品质。我国引种较早，如二十世纪、晚三吉、菊水等，但一直没有较大的发展。近几年日本和韩国相继推出一系列优新品种,在国际市场售价很高,十分畅销,促进了我国的引种发展。品种以个大质优的黄金梨、丰水、新高、爱宕梨、金二十世纪梨、大果水晶为主,多为中熟和晚熟品种。③适度发展西洋梨品种。西洋梨在1871年即引入山东烟台,但发展缓慢。西洋梨既适合于鲜食,又适合于加工,是许多国家栽培的主要品种。我国面向国内市场,应适度发展西洋梨品种。目前,国外西洋梨的发展以红色品种为主,应以紫巴梨、红巴梨、巴梨、康佛伦思、派克汉姆等早、中熟品种为主。④发展地方名特优品种。我国地方名特梨品种比较多,如鸭梨、雪花梨、酥梨、茌梨、库尔勒香梨、南果梨等。应进行标准化管理,加大品种创新力度。提高梨果的商品价值应以特定时期内优异品种为基础,具有较高的技术含量。生产中应重点增大果个、改善果实外观、提高果实内在品质和采后进行商品化处理。

降低成本和简化管理是目前我国梨果栽培技术发展的必然,适地适栽和按品种特点采取相应的标准化栽培技术,是获得优质高档梨果的重要保障。另外,劳动成本持续提高,果园的简化管理是人们长期追求的目标,如发达国家采用适合机械化作业,日本采用棚架树形、简化修剪、人工授粉、疏花疏果、果园喷药等作业。栽培自花结实性品种及果园养蜂、矮化砧木的选育和应用等,是我国今后研究和推广的重点工作。

　　梨安全标准化生产成为国际梨果发展的趋势,消费者除关注果品外观和内在品质外,还特别重视果品的食用安全性。国外的果园综合管理,即综合应用栽培手段、物理、生物和化学方法,将病虫害控制在经济可以承受的范围之内,从而有效减少化学农药用量,是梨果生产的必然选择。如日本在梨黑星病的监测、经济阈限的确定等方面都采用计算机模拟,使得 IPM 决策更准确、更迅速,明显地减少了喷药次数。另外,为减少化肥用量,采用配方施肥技术,减少果实中硝酸盐、亚硝酸盐等含量,大力推广无公害梨果生产技术,禁止高毒、高残留农药的生产与使用,以生产安全果品。

　　强化梨产业体制改革。目前我国梨生产大都以一家一户为生产单位,由于栽培面积小,果农栽培技术水平差别很大,加之受经济条件限制,措施跟不上,专业化水平不高,很难生产出标准统一的高质量商品果实。因此,必须建立完善的大型商品生产基地。在一些梨的集中产区,采用贸工农一体化、产供销一体化、公司(龙头企业)＋农户、基地＋农户,但是否合理,是否具有生命力,其中最关键的问题是利益分配是否合理,或建立类似日本、台湾的果农协会,统一负责技术措施和产后处理销售的服务体系。要采用优质无公害栽培技术,建立梨果品质质量标准,树立品牌意识,以提高产品竞争力,以便提高梨果价格。因此,建立有效的产销机制是促进我国梨果产业发展的关键。

二、梨主要栽培品种与新品种

(一)主要栽培品种

1. 鸭梨

原产于河北省,是我国古老梨优良品种。分布较广,为华北地区主栽品种之一。

果实中等大,倒卵圆或短葫芦形,果肩一侧具鸭嘴状突起,平均单果重 160～200 克;果面平滑,果点小;绿黄色,贮后黄色;果肉白色,肉质细脆,汁液多;可溶性固形物含量 11% ～ 14%,具香气,石细胞少,品质上等。9 月下旬成熟,耐贮性强,一般可贮至翌年 2～3 月。

树势中庸,枝条萌芽力中等,成枝力低;幼树结果早,一般 3～4 年开始结果,以短枝结果为主,丰产稳产。适应性较强,宜在干燥冷凉地区栽培;抗寒力弱,花芽易受冻;抗病虫能力弱。

2. 茌梨

又名莱阳慈梨,俗称莱阳梨。为我国著名良种,原产于山东茌平,分布北方各省。

果实大型,果个整齐度差;未掐萼者呈卵圆形至纺锤形,掐萼者果实顶部膨大而呈倒卵形、短瓢形;平均单果重 250 克;果皮绿色,贮后黄绿色;果点大而多,褐色,果面粗糙;果肉白色,极脆嫩;可溶性固形物含量 13%～15%,味浓甜,具微香,品质极上等。9 月中下旬成熟,果实贮藏性差。

树势中庸,树冠开张;枝条萌芽力、成枝力中等;开始结果年龄较晚,一般定植后 5～6 年开始结果,以短枝结果为主,连续结果能力强,腋花芽及中、长果枝结果能力强。抗寒力较弱,抗旱力差,不抗涝。

3. 砀山酥梨

又称酥梨、砀山梨,我国古老梨优良品种之一。原产于安徽砀山,分布于华北、西北、黄河故道地区。

果实长圆形,平均单果重 260～270 克;果皮黄绿色,贮后黄白色;果皮光滑,果点小而密;果肉白色,肉质中粗,酥脆,汁液多,石细胞中多;可溶性固形物含量 11%～14%,味甜,具香气,品质上等。9 月中下旬成熟,较耐贮藏。

树势生长中等偏强;枝条萌芽力强,成枝力中等;3～4 年开始结果,坐果率高,以短枝结果为主,中、长果枝及腋花芽结果少;果台可抽生 1～2 个副梢,连续结果能力差,结果部位易外移;较丰产、稳产;适应性强,抗寒力中等,抗旱力强,耐涝性较强,抗黑星病、腐烂病能力较弱,受食心虫和黄粉虫危害较重,对肥水要求较高。

4. 雪花梨

雪花梨为白梨系统品种,原产河北赵县、定县一带,是华北地区栽培的著名大果型优良品种。

果实大,一般单果重 250～300 克,大果 1 000 克左右。果实长卵圆形或椭圆形,果皮厚、绿黄色,果面稍粗,果点小,贮后果皮金黄色,外形美观。果肉白色、质脆稍粗,多汁,味甜,含可溶性固形物 12%,含糖 6.9%,含酸 0.08%,口感甘甜,具香气,品质上等。鲁西北、冀中南 9 月中旬成熟,较耐贮运。

树势较强,幼树生长健壮,枝条角度小,树冠扩大较慢,3～4 年开始结果。枝条发枝力、萌芽力均中强,幼龄树以中、长果枝结果,成龄树以短果枝结果为主,中、长果枝及腋花芽也有结果能力。果枝连续结果能力差,结果部位易外移,易形成大小年。花序坐果率较低,多坐单果,采前落果较重,特别是采前遇风落果重。

雪花梨自花不结实,茌梨、香水梨、锦丰梨可作授粉品种。

雪花梨适应性较广,喜肥沃深厚的沙壤土,以沙地所产梨果品质优良。抗寒力中等,抗旱力较强,抗风力较差,易感黑星病,虫害也稍重。

5.黄县长把梨

黄县长把梨又名天生梨、大把梨,为白梨系统品种,原产山东龙口市。

果实倒阔卵形,果实中大,单果重200克。果皮黄色,梗洼无锈,果皮中厚,蜡质多,果点小,果实外形美观。果梗长为主要特征。果肉白色,质脆稍粗,汁中多,微香,含可溶性固形物12%～14%。口感偏酸,刚采收时较酸,贮藏后酸味变小,风味改善,品质中等。胶东半岛9月下旬至10月上旬成熟,山东内陆成熟期提前到9月中旬。极耐贮藏,在胶东普通窖藏可贮至翌年5月。

幼树生长直立,萌发力强,成枝力较弱,树冠中枝叶较为稀疏,适宜密植栽培。中、短枝比例高,以短果枝结果为主。一般要3～4年开始结果,果台易抽生短果台枝,形成短果枝群,中期产量增长快,初盛果期树的产量常可超过其他品种,具有丰产潜力。树势易衰弱,应注意疏果并多短截促生枝条,复壮树势。花序坐果率高,应注意疏果,防止大小年结果。

长把梨自花不实,适宜授粉品种有香水梨、茌梨、鸭梨等。

长把梨抗旱力强,耐涝,抗寒力较差,抗风力较强,易感黑星病,抗药力强。适宜山地栽培,在河滩地及平地栽培表现树势健壮,丰产性亦好。由于坐果多、丰产,要求肥水充足,否则树势衰弱。虫害较轻,但结果多时,食心虫危害重。

6.栖霞大香水梨

栖霞大香水梨为白梨系统品种,原产山东栖霞市,又名南宫祠梨。

果实长圆形或倒卵形,果实中大,一般单果重200克左右。果皮绿色,贮后转黄绿色或黄色,果皮薄,果点小而密,较美观;果面有时生水锈,污染果面,影响商品质量。果肉白色,肉质松脆但稍粗,汁多,味甜微酸,具香气,石细胞较少,含可溶性固形物13%～14%。含糖8%,含酸0.3%,口感偏酸,品质中等。胶东梨区果实9月下旬成熟。耐贮性强,普通窖藏可贮至翌年3月底。

树势中等,生长旺盛,树姿较开张;幼树生长健壮,发枝力较强。幼树半开张,枝量增长快,易形成中、短枝及中、短枝花芽。幼树结果较早,果台枝抽生能力强,在枝条稀疏时,易连续成花结果。成龄树丰产性强,花序坐果率高,注意疏花、疏果,合理负载。香水梨适宜的授粉品种有茌梨、鸭梨等。

适应性较强,在冬季气温较低的华北平原、胶东半岛常发生花芽、枝干冻害。抗旱性稍差,对立地栽培条件要求严,适宜沙壤土栽培。山地旱园、粗砂地、盐碱地树势弱、果实小,易发生缩果病。抗黑星病,轮纹病较重。

7. 金花梨

金花梨原产四川省金川县沙耳乡孟家河坝,系金川雪梨中选出的优良单株。

果实大,果实倒卵圆形或圆形,平均单果重 300 克,最大果重 600 克。果皮绿黄色,贮后金黄色,且具光泽;果面不太平滑,有蜡质,果点小而密,大小不均匀;梗洼狭而深,少数有锈斑,果梗中粗。抗风力强,采前落果少。果皮薄,果心小,果心线不明显。果肉白色,质地细脆,汁多味甜,具香气,可溶性固态物含量 12%～15%,总糖 8%,酸 0.15%;果形美,品质优,耐贮运。在华北果实 9 月中下旬成熟。

金花梨结果早,定植第 4 年开始结果,大树高接换种,经过人工促花,次年就能恢复产量。

树势强壮,生长旺盛,树姿半开张;萌芽力强,成枝力中等;一年生枝黑褐色,皮孔大而密,呈梭形,白色;叶片大,广卵圆形,先端短尖,基部广楔形,叶缘有刺芒状锯齿;以短果枝结果为主,花序坐果率高,丰产稳产。适应性较强,较耐寒、耐湿,抗旱力较强,抗病虫能力较强,易受金龟子危害。

8. 早酥梨

早酥梨系中国农业科学院果树研究所用苹果梨为母本、身不知梨为父本杂交育成的新品种,在各地栽培表现良好,是著名的优良早熟品种,深受种植者和消费者欢迎。

果实卵圆形,平均单果重 200 克,最大果重 280 克。果皮绿黄色,有蜡质,果面有纵沟条纹;果点细密,褐色;果梗较长,附着部略膨大,梗洼不明显,萼片宿存,有瘤状突起;果皮薄,果心小。果肉白色,肉质细嫩,汁多,味甜微酸,含可溶性固态物 14%,总糖 7%,酸 0.1%～0.2%,品质上等。果实 7 月中旬成熟,不耐贮藏。早酥梨丰产、优质、成熟早,定植第四年开始结果。

树势强健,生长旺盛,树姿半开张;一年生背阴枝灰绿色,向阳枝红绿色,皮孔圆形,幼嫩部分密被灰白色茸毛;萌芽率较高,成枝率中等;叶片中大,卵圆形,叶缘微呈波状,锯齿刺芒较长,叶柄细长。以短果枝结果为主,坐果率极高,每花序坐果多为 3～4 个,丰产稳产。适应性强,耐低温冷凉,抗寒、抗旱,栽培范围广。

9. 爱宕梨

日本冈山县龙井种苗株式会社推出,亲本为二十世纪×今村秋,1982 年被日本农林水产省种苗法认定为新品种。是砂梨系统中一个优良的晚熟品种。

果实圆形或扁圆形,平均单果重 415 克,果个过大者或树势衰弱时果形不正。果皮黄褐色,果点较小、中密,果面较光滑,套袋果果皮淡黄色,果点不明显。果肉白色,肉质细脆,汁多,石细胞少,可溶性固形物含量 12%～16%,味酸甜可口,有类似二十世纪梨的香味,品质上等。

10 月中下旬成熟,耐贮性强。延迟采收,果肉不会发绵。常温下果实可贮 1 个月余,冷藏可达 6 个月。

树势健壮,枝条粗壮,树姿直立;萌芽力强,成枝力中等;极易形成花芽,部分长枝也可形成花芽结果,易形成短果枝,以短果枝和腋花芽结果为主,果台副梢长势弱;花白色,个别略带红色,每花序 5 朵花,花瓣 5 枚,花蕊略带红色,这是其显著特点。早果,极丰产,稳产,生理落果和采前落果轻。对各种病虫害抗性较强,但不抗黑斑病,抗寒性差。果实易发生日灼病,尤其是在高温干旱年份受害较重。因果实甜度大,易受蜜蜂扰害。抗风力也稍弱。树体矮化,宜密植,需防风。

10. 锦丰梨

中国农业科学院兴城果树研究所以苹果梨为母本、慈梨为父本杂交育成。果实品质优良,风味极佳。

果实扁圆形或近圆形,平均单果重 240 克左右,大果450 克。果皮绿黄色,有蜡质光泽,贮藏后变黄。果点大、明显,萼片宿存。肉质细嫩、松脆,汁液特多,可溶性固形物含量 13%～16%,酸甜可口,微香。耐贮,在半地下式果窖中贮藏,可贮至翌年 4～5 月,是晚熟种中最耐贮藏的品种之一。9 月中旬成熟。

树势健旺,萌芽力、成枝力均强。幼树定植 5～6 年结果,以短果枝结果为主,并有腋花芽结果习性,每花序坐果 1～2 个。喜肥水,缺肥少水时果实变小,但适应性强,树体耐旱和耐寒力强。比较适宜的授粉树为苹果梨、砀山酥梨或早酥梨。

11. 红巴梨

巴梨的红色芽变。

果实粗颈葫芦形,平均单果重 210 克;果面凹凸不平,全红,具蜡质光泽,果点小,中多,不明显。果肉乳白色,肉质细,石细胞少,经 7～10 天后熟后变软,易溶于口,汁液多,可溶性固形物含量 12.6％～15.2％,风味酸甜可口,具芳香,品质极上等。8月底9月初成熟,果实常温下可贮放 20 天左右。

树势中庸或偏弱,开始结果较晚,丰产性较强。抗病、抗寒性较差,需加强栽培管理。果大,质优,外观美,丰产,是一个很受欢迎的品种,可在渤海湾、黄河故道等地区发展。

12. 新世纪

该品种为日本用二十世纪×长十郎杂交育成,1945年命名并发表。

果实近圆形,平均单果重 300 克左右,最大 520 克,果形指数为 0.89;果皮黄色,套袋果乳黄色,果点密;果梗长,萼洼浅,萼片多脱落,很少宿存;果心小,心室 5 个,种子 6～10 粒。果肉白色,肉质细、脆、汁多,可溶性固形物含量 14％,味甜,微香,品质上等。

树势强健,树冠半开张;萌芽率高,成枝力强;枝条深褐色,粗壮,皮孔中大,平均节间长 3.8 厘米;叶片中大,叶面具光泽,叶片卵圆形,叶缘锯齿密浅,叶柄长;多花类型,每花序 6～9 朵花,花粉量大,和主要品种均能授粉。栽后两年见果,幼龄树以短果枝结果为主,果台连续结果能力强,具腋花芽结果能力,自花授粉花序坐果率可达30%,异花授粉花序坐果率更高。

3 月初花芽开始膨大,现蕾期在 3 月 20 日,3 月 28 日花序开始分离,初花期在 4 月上旬,盛花期在 4 月上中旬。果皮 7 月下旬开始变黄,成熟期在 8 月上中旬。新梢开始生长期为 4 月中旬,中短梢停长期在 5 月上旬,长梢停长期在 6 月中下旬,落叶期在 11 月下旬。

适应性广,对各种病害抗性均较强,尤其抗黑斑病、黑星病,较不抗轮纹病和褐斑病,果实易发生果锈。易受梨木虱危害,对肥水条件要求较高。

13. 丰水梨

日本品种。菊水×八云杂交育成。

果实圆形,平均单果重 210 克,最大单果重达 550 克;果皮褐色,套袋后的果实外观极美,果皮细腻,果面光亮,果面较粗糙,果点大而多。果肉白色,肉质细嫩、汁多、味甜且石细胞极少,可溶性固形物含量达 14%～15%,品质上等。果实在自然条件下采后可贮藏 10～15 天。在鲁中山区果实成熟期为 8 月中旬,果实生育期 120 天左右。

早实性强,定植后翌年即可成花,成花株率达80.2%,第三年亩产为1 000千克,第四年产量可达2 000千克。幼树自花结实率高,在不配置授粉树的情况下,2~4年生丰水梨自然授粉,花序坐果率、花朵坐果率高达90%和50%。随着树龄增大,树冠扩大,自花结实率下降,应配置适宜的授粉树,以新高、新兴、二十世纪为宜。

树势强,株型为普通形,树姿直立,半开张,树冠圆头形。枝干褐色、表面光滑,一年生枝浅褐色,皮孔中大,节间中等长。萌芽率高,成枝力中等。幼树以长果枝和腋花芽结果为主,腋花芽多着生于枝条的中上部,果台连续结果能力较强,大小年现象不明显。采前落果轻。抗逆性较强,抗旱、抗涝及抗轻度盐碱,但过度干旱,可致二次开花和果实品质下降。幼树及初果期树抗病性降低,较易感黑星病、赤星病及轮纹病,对二叉蚜、梨木虱抗性也较差。生长快、易成花、结果早、品质优良、抗寒,可适当发展,是优质中熟品种。

14. 新高梨

日本神奈川农业试验场菊池秋雄1915年用天之川×今村秋杂交育成,1927年命名并发表。

果实近圆形,果实大,平均单果重400克,最大果重1 000克。果皮黄褐色,较薄,果点大而稀,白色,果面手感较光滑。果肉白色,细嫩,多汁,酥脆无渣,味甜,果心小,石细胞少,可溶性固形物含量 13％～15％,可食率高。耐贮藏,一般室温可贮 2～3 周。

树势强,树姿较直立。幼树生长旺盛,树冠扩大迅速,但随树龄增大生长量变小。萌芽率高,成枝力弱,通过适度修剪,一年生枝萌发率可达 70％左右,剪口下一般能抽生 1～2 个长枝。采取缓放、拉枝开角等措施,萌芽率高,成枝率低。单株枝量增加迅速,短枝多。结果早,易丰产。高接树第二年全部开花结果,第三年基本恢复产量。成花容易,不仅缓放拉枝易成花,而且经夏剪摘心促发的短枝也极易成花,特别是对强旺新梢连续摘心,效果更明显。果台一般能抽生两个短果台枝,也极易分化成花。根系发达,对土壤的适应性较强,在山地丘陵和平原地栽培均生长良好。但宜选深厚土壤栽植,定植前需深翻改土,施足有机肥。耐瘠薄,较抗旱、耐寒,抗病虫能力较强。

(二)新品种

1.紫巴梨

山东省果树研究所 1993 年从美国引进材料中选出的最新优系,亲本不详。

果实粗颈葫芦形,平均果重 200 克,大果可达 290 克。果实全面紫红色,果面光滑,蜡质厚,有光泽,果点细小。果肉黄白色,质地细腻,硬脆。经后熟后肉质细软,汁液多,易溶于口,具芳香,风味酸甜,可溶性固形物含量为 12.8%,品质上等。7 月中旬果个基本长成,果实 7 月下旬成熟。采收后常温下贮存 4～5 天后熟变软,在 5℃左右温度条件下可贮存 2 个月。

树冠高大,树姿开张,枝条丰满。幼树生长旺盛,结果后树势健壮稳定,萌芽率高,成枝力强。以短果枝和短果枝群结果为主,中、长果枝和腋花芽亦具有较强的结果能力,连续结果能力强,无大小年结果现象。早实性强,高接树两年见果,四年生树株产 31 千克,五年生以后进入盛果期,平均株产 66 千克。坐果率高,每花序坐果 1～2个,坐双果比率占 20%～30%。适应性强,较抗旱、抗寒,耐盐碱力与红巴梨相近,抗轮纹病、炭疽病及干枯病,较少虫害。

果实早熟,色泽全红,外形美观,内在品质同巴梨。树势旺,结果早,丰产稳产,病虫害较少,适应性强,具有广阔的发展前景。

2. 绿宝石

绿宝石梨系中国农业科学院郑州果树研究所用早酥和幸水杂交育成的新品种。

果实近球形,平均单果重 220 克,最大单果重 550克。果皮绿色,套袋果乳白色。果肉白色,肉质细腻,可溶性固形物含量 13.7%,味甜,富含香气,品质上等。在泰安地区果实 7 月下旬至 8 月初采收。

树势中庸,萌芽力强,成枝力中等。成花容易,以短果枝结果为主,坐果率高。早果性和丰产性强,三年生密植园(丛植)亩产1 009千克。幼树树姿直立,成龄树开张。树干浅灰色,多年生枝黄绿色、皮细、光滑。一年生枝黄绿色,梢无茸毛,皮目中多、凸出、近圆形。叶片大,叶形为正常圆形,叶尖渐尖,叶基圆形,叶缘刺芒状。叶面平滑,有光泽,叶背无茸毛,叶边锯齿为锐单锯齿,大小整齐。叶姿平展。叶芽中等大小,三角形离生。花芽肥大,心脏形。

抗逆性较强,适栽范围广,抗轮纹病、梨黑星病、缩果病能力较强,抗蚜虫,对梨木虱有较强的抗性。早果丰产性强,抗逆性强,品质上等,经济效益高,有广阔的发展前景。

3. 黄冠

河北省石家庄果树研究所1997年以雪花×新世纪杂交育成。

果实椭圆形,果个大,平均单果重235克,最大果重360克。成熟果实果皮黄色,果面光洁,果点小,无锈斑,萼片脱落,果柄细长,外观酷似"金冠"苹果。果肉洁白,肉质细腻,石细胞及残渣少,松脆多汁,风味酸甜适口,并具浓郁香味,果心小,可溶性固形物含量12.4%,品质上等。在泰安地区果实8月上中旬成熟。

树冠圆锥形。主枝黑褐色,一年生枝暗褐色,皮孔圆形,密度中等,芽体较尖,斜生。叶片椭圆形,叶尖渐尖,叶基心脏形,叶缘具刺毛齿,成熟叶片绿色,早春萌芽长出的嫩叶绛红色。花冠白色,花药浅紫色,每花序平均8朵。

树势健壮,树姿直立,幼树生长较旺盛。萌芽率高,成枝力中等,以短果枝结果为主,果台梢连续结果能力强,幼树有明显的腋花芽结果现象,自然授粉条件下每花序坐果3.5个。结果早,在一般栽培管理条件下,2～3年生即可结果,四年生平均亩产500千克,早果早丰特性明显优于早酥、鸭梨等品种。

黄冠梨早熟、优质、早果丰产,是中、早熟梨首选品种,同时因高抗黑星病,生产中可降低防治成本。

4. 玉露香梨

该品种为山西省农科院果树所以库尔勒香梨为母本,雪花梨为父本杂交育成中熟新品种。

果面光洁细腻,着红色纵色条纹,果皮薄,果实近球形,平均单果重236克,最大450克。果实耐贮藏,在自然土窑洞内可贮存4～6个月,恒温冷库可贮藏6～8个月。

幼树生长势强,结果后树势转中庸。萌芽率高,成枝力中等,自花不结实,有花粉败育现象;晋中地区下8～9月成熟,果实发育期130天;树体适应性广,抗性较强,对土壤要求不严。

5. 大果水晶

韩国品种,1991年从新高梨的枝条芽变中选育成的梨新品种。

果实扁圆形或圆形,果形指数0.91,平均单果重450克,最大690克。果实黄色,果点小而稀,套袋后果皮乳黄色,表面晶莹光亮,有透明感,外观诱人,水晶由此而得名。果柄长,先端稍膨大。梗洼窄而深,萼洼中广。果肉白色,肉质细嫩,脆甜,汁液、含糖量均高于新高,可溶性固形物含量14%,石细胞极少,果心小,味蜜甜,有浓郁香味,品质上等。果实9月底成熟。果实硬度大,耐贮运。

树势强健,树姿稍直立。萌芽率中等,成枝力较强,枝条粗壮,节间较长。叶片宽椭圆形,大而薄,叶缘细锯齿整齐、急尖。以短果枝群结果为主,腋花芽结果能力亦较强,幼树长果枝中腋花芽枝占64.5%,其中40%腋花芽和顶花芽串生。始果早,丰产性强,高接树第二年即有腋花芽和顶花芽结果,第三年即可大量结果。3~4年生树亩产达1 000千克左右。花粉量大,与幸水、七月酥亲和力强。花序坐果率高,平均单花序坐果1.5个。采前不落果。

抗旱,抗寒,高抗黑星病,较抗轮纹病、炭疽病。

6. 黄金梨

韩国园艺场罗州支场1967年用新高与二十世纪杂交育成,1981年命名,是韩国育成的优良绿皮梨品种。

果实圆形或长圆形。平均单果重 350 克,大小比较一致,大果 500 克以上。梗洼深而陡,漏斗状,有时有 4 条不明显的棱沟,无梗洼锈。果梗粗长,上端粗大。萼片脱落,或宿存。萼片小,多直立。脱萼者,萼洼浅而小,有皱折。花萼宿存者,果顶突起。果面绿色,充分成熟后金黄色。套袋果绿白色或淡乳黄色,无果锈,颇美观,果皮薄而细嫩,光洁。果点小,圆形,淡黄褐色。果点锈及果点间锈极少。果肉白色,肉质细嫩,汁多,味甜,酸味小,可溶性固形物含量 14％左右;果心小,果肉可食率为 95％左右。果实充分成熟后香味浓,品质上等。

　　树冠小,半开张。幼树生长旺盛。一年生枝粗长,黄褐色。皮孔大而密,浅褐色凸起,椭圆形或长梭形,甚至长线形,枝条上端长线形皮孔较明显。枝条生长封顶后,顶芽芽基呈球状膨大。未停止生长新梢其上端幼叶为黄绿色或绿色,为该品种的主要特征之一。叶片大,淡绿色,长椭圆形,叶尖长,锯齿特大,刻深而宽,常为复锯齿,且具长针芒,为该品种的又一显著特征。

　　幼树生长健旺,成枝力较低,萌芽率高。中、短枝发达,寿命长,转化能力弱,更新周期较长。幼树成花容易,腋花芽多。大树高接当年,抽生的中、长枝易形成腋花芽。定植幼树,第二年开始结果。幼树结果,以长、中、短果枝和腋花芽并举。大树则以短果枝结果为主。花朵坐果率高。腋花芽所结的果实,果形也很正。丰产稳产,无大小年现象。初花期在 4 月上旬,盛花期为 4 月中旬,果实 8 月下旬成熟。

抗逆性强,果实及叶片抗黑斑病、黑星病,较抗早春霜害。早果丰产,个大优质,适应性强,成熟期适宜,是大有发展前途的梨新品种。

7. 红香酥

红香酥由中国农业科学院郑州果树研究所 1980 年育成,亲本为库尔勒香梨×鹅梨,1997 年通过河南省农作物品种审定委员会审定。

果实长卵圆形或纺锤形,平均单果重 200 克,最大 500 克。果面洁净光滑,果点中大,较密;果皮底色绿黄,向阳面红色,光滑,蜡质多,外观艳丽。果肉淡黄白色,肉质细脆,果心小,石细胞少,含可溶性固形物 13%～14%,风味甘甜可口,香味浓,品质极上等。在郑州地区果实 8 月底 9 月初成熟,较耐贮运,常温下可贮放两个月,贮后色泽更加鲜艳。

树冠中等大,圆头形,长势中庸,枝势较开张。生长势中庸健壮,干性强;萌芽率高,成枝力较强。以短果枝结果为主。叶片卵圆形,叶缘细锯齿。花冠粉红色。成花易,结果早,丰产稳产,定植第三年开始结果,盛果期产量可达 2 000 千克/亩以上。授粉树以砀山酥、雪花、崇化达梨、鸭梨为宜。盛果期严格疏花疏果,亩产控制在 2 000～2 500 千克。

抗性强,较抗梨黑星病、黑斑病,抗寒、抗旱,是一个难得的中晚熟耐贮红皮梨优良新品种,外观红艳,品质优良,早果丰产,具有广阔的发展前景。

8. 圆黄梨

韩国园艺研究所用早生矢×晚三吉育成,是韩国中早熟梨的主要品种。

果实扁圆形,果实大,平均单果重 500 克,最大果重 800 克。果皮薄,淡黄色,果点中稀,果面光滑。果肉白色,肉质细腻多汁,石细胞少,脆甜可口,并有香味,含可溶性固形物 15%,品质佳,果心小,可食率 95% 以上。果实硬度大,较耐贮藏,常温下可贮藏 30 天以上,品质不变,是贮藏性较好的早熟梨品种。8 月上中旬成熟,果实发育期 123 天左右。

树势旺,萌芽率高,成枝力中等。枝条甩放易形成短果枝,短截发枝易形成花,副梢充实也易形成花,以腋花芽结果为主。随着树龄增大,转向以短枝结果为主,丰产性极强。

对土壤、气候适应性强,对黑斑病抵抗力强。早果、早产、果大、味美、外观美、商品率高、硬度大、耐贮藏,综合性状优于其他同期早熟品种,是一个外观风味兼优的新品种,有较高的经济价值和良好的发展潜力。

9. 华酥梨

1977 年由中国农业科学院果树研究所进行种间杂交育成,亲本为早酥和八云,1989 年选出,1999 年通过辽宁省农作物品种审定委员会审定并命名。适宜西北黄土高原地区发展。

果实圆形,果个大,平均单果重 300 克,最大 450 克。果皮黄绿色,较厚,光滑,具蜡质光泽,套袋后果皮浅绿白色,外观漂亮。果梗较长,梗洼中度深广,部分有浅沟延伸至果面。萼片宿存,萼洼浅广,有皱褶。果点小,不明显;果心中大,心脏形,中位。果肉乳黄色,石细胞少,肉细,酥脆多汁,酸甜适口,果实硬度 6.6 千克/厘米^2,可溶性固形物含量 12%～15%。果实 8 月上旬成熟,果实发育期 95～100 天。

树势中庸偏强,树姿半开张。萌芽率高,成枝力弱。以短果枝结果为主,有腋花芽结果的特性,早果性强,幼树定植后 3 年可结果,高接树次年结果株率在 90% 以上。一年生枝黄褐色,节间较长。叶芽圆锥形,花芽阔圆锥形。叶片长卵圆形,叶柄长,叶缘细锐锯齿,叶基圆形,叶尖长尾状渐尖。花蕾红色,花瓣白色,每花序 7～10 朵花。

适应性强,较适宜沙壤土栽培。腐烂病、梨木虱等危害较轻。生产中应注意加强肥水管理。

10. 七月酥

中国农业科学院郑州果树研究所以幸水为母本、早酥为父本杂交培育的早熟梨品种。既有早酥梨早熟、个大、汁多的特点,又有幸水梨品质极优、肉质细的优点。

果实大型,卵圆形,平均单果重 300 克,最大 600 克。

果面黄绿色,套袋果白色,套袋果极美观,果点不明显;果面光滑洁净,有蜡质,果点细小而密,果皮薄,外观极好。果肉乳白色,肉质细嫩松脆、汁多味甜、微香,果心小,无石细胞,核小,可溶性固形物含量12.3%。果实7月上旬成熟,成熟后易变软变绵,常温下贮藏15～20天,冷藏可达两个月。

幼树生长旺盛,成枝力低,枝条生长直立,节间长,分枝少。幼树以长果枝结果为主,有腋花芽结果能力,花芽饱满,坐果率高,果台副梢连续结果能力强。自然坐果率高,不需人工授粉,栽培上需注意人工疏果,留果量以叶果比25：1～30：1为宜,亩产量宜控制在2 000～2 500千克。授粉树可用雪花梨、早酥梨、早美梨、鸭梨等。抗病性强,很少感染褐斑病和黑星病,未发现干腐病和轮纹病。该品种为目前南方地区成熟早、果个大、品质佳的特早熟梨品种,发展潜力较大。

11. 脆香蜜

又名苍梨6-2,由四川农业大学园艺系于1980年用苍澳雪梨与河北鸭梨杂交育成,1990年通过评审鉴定。

果实短瓢形或倒卵形,果实大小整齐,平均单果重320克。果皮浅黄褐色,有光泽,果点较小,灰褐色,萼片脱落,萼洼深广,呈漏斗状,有韧性;果心小,果肉洁白,细脆化渣,汁液多,风味浓,具香气,含可溶性固形物14%,总糖含量9%,总酸量0.1%,品质极上。果实耐贮运。

果实 8 月下旬成熟,9 月完熟,果实发育期 150 天左右。

树势中庸,树姿半开张。萌芽力、成枝力均中等。以短果枝结果为主,易形成腋花芽,自然授粉坐果率高。多年生枝灰褐色,一年生枝暗褐色,较细;皮孔明显,大小及稀疏中等,椭圆或圆形,嫩枝及幼叶浅红色,有少量灰白色茸毛,不久脱落;花芽肥大,卵圆形;叶片大,卵圆形或长卵圆形至椭圆形,深绿色,叶缘具不明显裂齿;高度自花不实。授粉品种可选择苍溪雪梨、河北鸭梨等。始果早,丰产性好,定植后第三年开始结果,五年生平均株产 23 千克。

丰产、抗风力强,尤其在肉质、风味、耐贮和抗病性等方面表现优良。

12. 翠冠

系浙江省农业科学院园艺研究所以幸水×(新世纪×杭青)杂交育成,现已在十余个省市引种栽培。

果实长圆形,果形整齐,平均单果重 230 克,最大 400 克。果面时有棱,果皮光滑、黄绿,成熟时果皮淡黄,有少量锈斑。果肉白色,肉质细嫩而松脆,石细胞少,汁多,味甜,可溶性固形物含量 11%～12.5%,裂果少,果心小,品质极上等。果实 7 月下旬成熟。

树势强健,树姿较直立。极易形成花芽,早果丰产性好。抗干旱,适应性强,适合于山地、平地栽培,但以土层厚、肥力高、地下水位低的沙质土为佳。生产上注意疏花疏果,可提高坐果率和果实品质。

13. 丰香梨

由浙江省农业科学院园艺研究所育成的早熟梨新品种,亲本为新世纪×鸭梨。

果实长圆锥形,果形指数 0.98,果肩突出,果形似元帅系苹果,有的果实具有 1 条纵沟;果实大,平均单果重 280 克,最大单果重 360 克,大小较均匀。果梗较短,果梗远端稍膨大,不易产生离层,阳面红褐色,阴面绿色。梗洼深,中广,萼洼浅广,萼片宿存,萼端突起,有明显五棱。果皮成熟前绿色,开始成熟后自阳面绿色减退,完熟后转为金黄色,酷似金帅苹果。果面较粗糙,果皮薄,果点较大而密,明显,具少许放射状梗锈。果皮蜡质厚,有光泽。果肉黄白色,半透明,石细胞极少,细嫩松脆,汁液多,含可溶性固形物 12.3%～14.2%,果实硬度 5.5～8.8 千克/厘米²,风味浓甜,酸度极低。果心极小,香味淡。采后常温下可贮藏 15 天。

树势强健,生长势强旺,树冠中大,树姿直立,冠形紧凑,枝条角度直立。萌芽率高,成枝力强。一年生枝短截抽生 2～6 个长枝,极易形成花芽,结果早,花量大,坐果率极高,高接后第二年即大量结果,株产可达 9.5 千克,第三年达 18.6 千克。易形成腋花芽和短果枝,以短果枝和腋花芽结果为主,中、长果枝也具有良好结果能力。连续结果能力强,无大小年结果现象,极丰产稳产,需配置授粉树。一年生发育枝红褐色,皮孔大而密,明显,微凸,灰白色,近圆形。发育枝节间距 3.3 厘米。叶片长椭圆形,较大,叶柄长 2.7 厘米。幼叶及嫩梢浅黄绿色,幼叶光滑,茸毛少,成龄叶浅绿色,质地硬而厚,蜡质厚,有光泽。叶缘锯齿深而密,先端急尖,基部楔形。叶片稍弯曲,叶姿平展或微下垂。

在泰安花芽膨大期 3 月上旬,3 月 27 日为花序分离期,单花露白,芽内叶半展开,4 月 6 日为盛花期,4 月 15 日为终花期,4 月下旬为新梢旺盛生长期。5 月初为果实迅速膨大期,7 月下旬至采收前果实膨大加速,果实 8 月中旬成熟。

适应性强,抗寒,较抗旱,耐湿涝,抗病虫害能力强,未发现严重病虫危害现象。抗早春晚霜冻害能力强,2001 年 3 月 27 日花序分离期遭遇 -7.2℃ 低温,坐果如常。对肥水条件要求较高,宜选肥沃壤土或沙壤土建园,并注意施足底肥,授粉品种可选早绿、绿宝石等花期相近的品种。

14. 晚秀

韩国 1978 年用单梨×晚三吉培育而成,经过 10 余年的试验筛选,1995 年选定命名。

果实扁圆形,果皮黄褐色,外观极美。果个大,平均单果重 660 克。果肉白色,肉质细腻,石细胞少,无渣,汁多,味美可口,可溶性固形物含量为 14%~15%,品质极上,贮藏后风味更佳。果实10月中下旬后成熟,极耐贮藏,低温条件下可贮藏6个月以上,属优良的大果型晚熟品种。

树势强,树冠似晚三吉直立状。抗黑星病和黑斑病,抗干旱,耐瘠薄。花粉多,但自花结实力低,宜选择圆黄作授粉树。

15. 红考蜜斯

美国华盛顿州从考蜜斯中发现的浓红型芽变新品种,山东省果树研究所1997年引入。

果实短葫芦形或近球形,平均单果重220克,最大果重可达350克。果面紫红色,果面平滑,具蜡质光泽,果点中大,明显,外观美丽。果柄粗短,多斜生,果梗连接果肉处膨大为肉质,梗洼浅或无;萼片宿存或残存,萼洼深而广;果皮厚,果心中大。果肉乳白色,质地细而稍韧,经1周后熟变软,易溶于口,汁液多,石细胞少,风味酸甜,芳香味浓,可溶性固形物含量13%,品质上等。在泰安果实成熟期8月上旬,果实发育日数90天左右。果实在-1℃条件下可贮存4个月,在气调条件下可贮存6个月。

树势中庸,树姿较开张。萌芽率高,成枝力强,树冠内枝条较密。成花容易,进入结果期较早,多短果枝结果,坐果率高,大小年现象不明显,高产稳产。一年生枝褐色,新梢淡紫红色;主干灰褐色,粗糙。叶片椭圆形或卵圆形,尖端渐尖,基部楔形,叶缘锯齿较疏而圆钝。成苗栽后第三年开始结果。授粉树采用红茄梨、红巴梨、红安久梨等。

适应性广,抗寒、抗旱、耐盐碱能力均等于巴梨。在冬季要求低于 7.2℃ 的低温达到 900～1 000 小时才能打破休眠。对白粉病、白斑病的抗性远高于巴梨。对梨火疫病、梨黑星病和果腐病的抗性等同于巴梨。是一个综合性状优良的早熟红色品种,具有较好的推广前景。

16. 红安久

美国华盛顿州发现的安久梨的浓红型芽变新品种,山东省于 1997 年从美国农业部国家梨种质圃引入。

适应性强,栽培容易,果实硬度高,耐贮运,是一个综合性状较好的晚熟红色品种,具有很高的经济价值和广阔的推广前景。

果实葫芦形,平均单果重 230 克,大者可达 300 克。果皮全面紫红色,果面平滑,具蜡质光泽,果点中多小而明显,外观美丽。萼片宿存或残存,萼洼浅而狭,有皱褶。果肉乳白色,质地细,石细胞少,经 1 周后熟后变软,易溶于口,汁液多,风味酸甜适口,具有宜人的浓郁芳香,可溶性固形物含量 14% 以上,品质极上。果实在济南地区成熟期为 9 月下旬至 10 月上旬。果实在 -1℃ 冷藏条件下可贮存 6～7 个月,在气调条件下可贮存 9 个月。

树势中庸或偏弱,开始结果较晚,丰产性较强。生长健壮,极性强。一年生枝浅褐红色,表面有灰白蜡纸状粉,直立生长快,粗壮;拉枝、拿枝时易折。叶片春至初夏呈浅红色,叶缘锯齿浅、钝,微正翻;叶基部楔形,先端渐尖;整叶先端近1/4微反向翻转。以中短果枝及短果枝群结果为主,花粉较少,需配置授粉树,授粉品种可选用红考密斯、红巴梨等。

砧木最好选择毛杜梨,以达到控长、早期丰产的目的。抗寒性较中国白梨、秋子梨稍差,适宜在巴梨栽植区内建园。较抗旱、耐寒,在山地丘陵和平原地 pH 在 6～7.8 的各类土壤栽培均生长良好。

对细菌性绵疫病、梨黑星病的抗性高于巴梨,对白粉病、叶斑病、果腐病、梨衰退病、梨脉黄病毒的抗性类似于巴梨,对食心虫的抗性远高于巴梨,但对螨类特别敏感。

三、梨生物学特性

（一）梨树体结构

1.梨树体骨架

梨树体结构是丰产的基本骨架,通过修剪来形成的。合理的树体结构能够保证梨早期结果和丰产、稳产。树体结构的基本构成有:树高、干高;主枝及主枝基角、腰角和梢角;层间距、中干、大中小型枝组及其排列、辅养枝、总枝量等。

无论采用何种树形,良好的树体结构应具备以下几点:①适宜的树高。梨为高大果树,自然条件下或控制不当树体易过高,不仅对修剪、病虫害防治、疏花疏果、套袋及采收等工作带来不便,还易造成上部枝叶对下部枝叶及相邻两行的相互遮阴。生产中稀植大冠树树高一般控制在 4.5 米以下,中冠树高为 3.5 米以下,密植小冠树高为 3 米以下。②骨干枝数适当,成层分布,枝量适宜。骨干枝过少，不能充分利用空间，产量低；过多，树冠内通风透光不良，降低果实品质。③叶幕成层，叶面积系数合理。叶幕是指叶片在树冠上集中分布的叶片群体，叶幕的厚度和层次组成叶幕结构，两层叶幕之间的距离称为叶幕间距。叶面积系数是指单位土地面积与该面积内植株叶片总面积之比值。叶面积系数过大或叶片分布过于集中时，都不能充分利用光能，影响果实产量和品质。

2. 梨树的器官

梨树的器官包括芽、枝干、叶片、花、果实和根系。梨树的芽有叶芽和花芽之分。叶芽是展叶、抽梢、形成枝条以至长成大树的基础。根据它在枝条上的位置分为顶芽和侧芽，一般顶芽较大而圆，侧芽较小而尖。当年形成的叶芽，无论是顶芽还是侧芽，第二年绝大部分能萌发长成枝条，只有基部几节上的芽不萌发而成为隐芽，这类芽对于以后树冠更新有重要作用。叶芽的外部有十几个草质的鳞片，内部有3～6个长在芽轴上的叶原基，中间的芽轴就是未来新梢的雏形。

梨的花芽是混合芽，芽内除花器之外还有一段雏梢，其顶端着生花序，雏梢发育成果台，果台上还能抽生一个或两个枝条，称为果台枝。梨的花芽多数由顶芽组成，称为顶花芽，侧芽形成花芽时称腋花芽。

梨的枝条有短枝、中枝和长枝之分。短枝只有一个充实的顶芽，长度5厘米左右，节间很短，生长季叶片呈莲座状,叶腋内无侧芽或只有芽体很小的侧芽。中枝长度10~25厘米,最长不超过30厘米,有充实的顶芽,除基部3~5节叶腋间无侧芽为盲节外,以上各叶腋间均有充实的侧芽。长枝长度30~50厘米,最长100厘米以上,顶端也有顶芽,但充实程度不如短枝和中枝。

梨的叶片是进行光合作用、制造树体营养物质的器官,叶片大小、叶片形成的早晚及质量与光合作用强弱、树体养分多少有直接关系。梨的叶片在发芽前就已经在芽轴上形成了叶原始体(叶原基),发芽以后随着枝条的伸长,展叶迅速而整齐。

梨的花序为伞房花序,每花序有花5~10朵,通常可分为少花、中花与多花三种类型,5朵以下的为少花类型,5~8朵为中花类型,8朵以上的为多花类型。梨花序外围的花先开,中心花后开,外围先开的花坐果好,果实大。

梨的果实是由下位子房和花托共同发育成的,称为仁果。

梨的根系须根较少,骨干根粗大,分布较深。梨有明显的主根,主根上分生侧根,垂直或水平伸展,侧根上分生须根。细根的先端为吸收根。

(二)梨生长结果习性

1.根系的生长发育

梨的根系发达,有明显的主根。须根较稀少,但骨干根分布较深,一般垂直分布在 1 米左右的土层内,水平分布为冠径的 2～4 倍。

在年生长周期中,梨的根系有两次生长高峰。早春,根系在萌芽前即开始活动,以后随着温度的升高而逐渐转旺,到新梢进入缓慢生长期时,根系生长旺盛,开始第一个迅速生长期,到新梢停长后达到高峰。以后根系活动逐渐减缓,到采收后再次转入旺盛生长,形成第二个生长高峰,然后随着气温的逐渐下降而减慢,直至落叶进入冬季休眠后基本停止。

影响根系生长活动的主要外界因素是土壤养分、温度、水分和空气。梨树根系有明显的趋肥性,土壤施肥可以有效地诱导根系向纵深和水平方向扩展,促进根系的生长发育。根系生长最适宜的土壤温度为 13～27℃,超过 30℃时生长不良甚至死亡。为保持土壤温度的相对稳定,可以采取果园间作、种草、覆草等措施。

2. 枝芽的生长

(1)芽的生长:梨的叶芽大多在春末夏初季节形成。除西洋梨外,中国梨大多数品种当年不能萌发副梢,到第二年,无论顶芽还是侧芽,绝大部分都能萌发长成枝条,只有基部几节上的芽不能萌发而成为隐芽。萌发芽的基部也有一对很小的副芽不能萌发。梨的隐芽寿命很长,是树体更新复壮的基础。

梨的花芽形成比较早,在新梢停止生长、芽鳞片分化后的 1 个月即开始分化。多数为着生在中、短枝顶端的顶花芽,但大多数品种都能够形成腋花芽。梨花芽为混合花芽,萌发后先抽生一段结果新梢(果台),其顶端着生花序,并抽生一两个果台副梢。

(2)枝条的生长:尽管梨的萌芽率较高,但成枝率比较低。顶端优势强,顶芽以下 1～2 个侧芽抽生粗壮较长枝条,中下部的侧芽多萌发成中短枝或叶丛枝。

梨的短梢生长期只有 5～20 天,长 5 厘米左右,叶片 3～7 片,有充实饱满的顶芽,无侧芽或仅有不充实的侧芽。短梢停止生长早,叶片大,光合产物积累充足,容易形成花芽,连续结果能力强,可形成短果枝群,是梨的主要结果部位。中梢生长期一般在 20～40 天,长 10～25 厘米,叶片 6～16 片,有充实的顶芽,自基部 3～5 节均有充实的侧芽。缓放后可抽生健壮短枝,是培养中、小结果枝组的基础。长梢生长期在 60 天以上,基本没有秋梢,顶端也可形成比较完整的顶芽。主要作用是培养树体骨架、扩充树冠及培养大、中型结果枝组。

3. 叶片的生长

梨的叶片在发芽前就已经形成了叶原基,发芽后随着新梢的生长,叶片迅速长成。单叶从展开到成熟需 16～28 天。长梢叶面积形成历期较长,一般在 60 多天,生长消耗营养物质较多,但长成后叶面积较大,光合生产率高,因而光合生产量高,后期积累营养物质多,对梨果膨大、根系的秋季生长和树体营养积累有重要的作用。中短梢叶片的形成历期较短,需 40 天左右,生长消耗营养物质少,光合产物积累早,对开花、坐果、花芽分化有重要作用。

由于梨的中、短梢比例较大,因而整个叶幕形成快,积累早;梨的叶柄较长,叶片多呈下垂生长,所以叶面积系数相对较高。这两个特点奠定了梨树丰产的物质基础。

4. 结果习性

梨以短果枝和短果枝群结果为主,秋子梨系统的品种有一定比例的腋花芽结果,白梨系统的茌梨、雪花梨、金花梨等也有较强的腋花芽结果能力。

由于梨的萌芽率高、成枝率低,因而一年生枝中、下部的芽大多可以发育成短枝。某些长势强旺的品种,通过采用拉枝、环剥等措施,也可以促发较多的短枝。这些短枝停长早,叶片大,一般一类短枝有 6～7 片大叶,当年都可以形成花芽;二类短枝有 4～5 片大叶,成花率也较高。这两类短枝不仅容易成花,而且坐果率高,果个大,果实品质好。只有 3 片左右小叶的三类短枝成花率较低,并且坐果少,品质差。

一般来讲,砂梨系统的品种在定植后 3 年即开始结果,白梨和西洋梨需要 3～4 年,秋子梨要在 5 年以上。

5.果实的生长发育

开花适温为 15℃以上,授粉受精适宜温度为 24℃左右。花期因地域、种类的不同而有差异,一般秋子梨系统的品种开花最早,白梨次之,砂梨再次之,西洋梨最晚。

梨的果实是由下位子房和花托共同发育而成的,整个生长发育期分为三个阶段,即第一迅速生长期、缓慢生长期和第二迅速生长期。第一迅速生长期在花后 30~40 天以内,主要是果肉细胞旺盛分裂,幼果体积迅速膨大;到 6 月上旬至 7 月中旬,果实体积增长减慢,果肉组织进行分化;从 7 月中下旬开始,果肉细胞开始迅速膨大,果实体积和重量迅速增加,进入第二迅速生长期,此时是影响产量的重要时期。在花后 7~10 天,未受精的幼果会逐渐枯萎、脱落。花后 30~40 天,如果营养不良,也会使果实停止发育,造成落果。

四、梨对环境条件的要求
及绿色梨园建设

(一)梨对环境条件的要求

1. 温度

梨在我国分布很广,适应性强,但不同种的梨对温度要求不同。秋子梨最耐寒,可耐-30～-35℃低温,白梨可耐-23～-25℃低温,砂梨及西洋梨可耐-20℃左右低温。不同的品种亦有差异,如日本梨中的明月可耐-28℃低温,比同种梨耐寒。我国秋子梨系统产区生长季节(4～10月)平均气温为14.7～18.0℃,休眠期平均气温为-4.9～-13.3℃;白梨和西洋梨系统产区生长季节平均气温为18.1～22.2℃,休眠期平均气温为-3.0～3.5℃;砂梨系统产区生长季节平均气温为15.8～26.9℃,休眠期平均气温为5～17℃。秋子梨、白梨和西洋梨喜暖温、冷凉气候,大多宜在北方栽培。白梨适应范围较广,西洋梨适应性较差。温度过高亦不适宜,温度高达 35℃以上时,生理发育即受障碍,白梨、西洋梨在年均温大于 15℃地区不宜栽培,秋子梨大于 13℃地区不宜栽培。梨树的需寒期一般为<7.2℃的时数 1 400 小时,但品种间差异很大,鸭梨、茌梨需 469 小时,库尔勒香梨需 1 371 小时,秋子梨的小香水高达 1 635 小时,砂梨最短,有的甚至无明显的休眠期。

梨一年当中,生长发育与气温变化的密切关系表现在物候期。日均气温达到 5℃时,花芽萌动,开花要求 10℃以上的气温,14℃以上时开花较快。花粉发芽要求 10℃以上的气温,24℃左右时花粉管伸长最快,4~5℃时花粉管即受冻。West Edifen 认为,花蕾期冻害危险温度为－2.2℃,开花期为－1.7℃。有人认为－1~－3℃花器就遭受不同程度的伤害。枝叶旺盛生长要在日均气温大于 15℃。花芽分化,日均气温 20℃以上为好。

温度对梨果实成熟期及品质有重要影响,一般果实在成熟过程中,昼夜温差大,夜温较低,有利于同化作用,有利于着色和糖分积累,果实品质优良。我国西北高原、南疆地区夏季昼夜温差多在 10~14℃,所以自东部引进的品种品质均比原产地好。

2. 光照

梨是喜光性果树,对光照要求较高。一般需要年日照时数在 1 600~1 700 小时,光合作用随光照强度的增强而增加。据研究,肥水条件较好的情况下,阳光充足,梨叶片可增厚,光合产物增多,果实的产量和质量均得到提高。树高在 4 米时,树冠下部及内膛光照较好,有效光合面积较大,但上部阳光很充足,亦未表现出特殊优异,这可能与光过剩和枝龄较幼有关。树冠下层的叶对光量增加反应迟钝,光合补偿点低(约 200 勒克斯以下);树冠上层的叶对低光反应敏感,光合补偿点高(约 800 勒克斯)。下层最隐蔽区,虽光量增加,而光合效能却不高,因光饱和点亦低,这与散射、反射等光谱成分不完全有关。一般以一天内有 3 小时以上的直射光为好。据日本对二十世纪梨研究,相对光量愈低,果实色泽愈差,含糖量也愈低,短果枝上及花芽的糖与淀粉含量也相应下降,果实小,即使明年气候条件较好,果实的膨大也明显地差;认为全日照 50% 以下时,果实品质即明显下降,20%～40% 时很差。以树冠从外到内光量递减,内层光照最弱,为非生产区,结的果个小质劣。果实产量和质量最好的受光量是自然光量的 60% 以上,树冠中外层区间受光最适宜,叶片光合产物增多,是优质果的着生部位。梨园通风通光,梨花芽分化良好,坐果率高,个大,含糖量高,维生素 C 含量增加,酸度降低,品质优良,并有利于着色品种的着色;另外,光照充足还能使梨果皮蜡质发达和角质层增厚,果面具光泽,增强梨果的贮藏性。

3. 水分

梨喜水耐湿,需水量较多。梨形成 1 克干物质需水量为353~564毫升,但树种和品种间有区别,西洋梨、秋子梨等较耐干旱,砂梨需水量最多,如砂梨形成1克干物质需水量约为468毫升,在年降水量1000~1800毫米地区仍生长良好。抗旱的西洋梨仅为284~354毫升。白梨、西洋梨主要产在500~900毫米雨量地区,秋子梨最耐旱,对水分不敏感。从日出到中午,叶片蒸腾速率超过水分吸收速率,尤其是在雨季的晴天。从午后到夜间吸收速率超过蒸腾速率时,则水分逆境程度减轻,水分吸收率和蒸腾率的比值8月下旬比7月上旬和8月上旬要大些。午间的吸收停滞,巴梨表现最大。在干旱状况下,白天梨果收缩发生皱皮,如夜间能吸水补足,则可恢复或增长,否则果小或始终皱皮。如久旱遇雨,可恢复肥大直至发生角质明显龟裂。

一年中梨的各物候期对水分的要求也不相同。一般而言,早春树液开始流动,根系即需要一定的水分供应,此期水分供应不足常造成延迟萌芽和开花。花期水分供应不足引起落花落果。新梢旺盛生长期缺水,新梢和叶片生长衰弱,过早停长,并影响果实发育和花芽分化,此期常被称为“需水临界期”。6~7月上旬梨进入花芽分化期,需水量相对减少,如果水分过多,则推迟花芽分化,易引起新梢旺长。果实采收前要控制灌水,以免影响梨果品质和贮藏性。

梨比较耐涝,但土壤水分过多,会抑制根系正常的呼吸功能,在高温静水中浸泡1~2天即死树;在低氧水中,

9 天发生凋萎；在较高氧水中 11 天凋萎；在浅流水中 20 天亦不凋萎。在地下水位高，排水不良，孔隙率小的黏土壤中，根系生长不良。久雨、久旱都对梨生长不利，要及时灌水和排涝。

4. 土壤

梨对土壤条件要求不很严格，适应范围较广，沙土、壤土、黏土都可栽培，但仍以土层深厚、土质疏松、地下水位较低、排水良好的沙壤土结果质量为最好。我国著名梨区大都是冲积沙地，或保水良好的山地，或土层深厚的黄土高原。但渤海湾地区、江南地区普遍易缺磷，黄土高原、华北地区易缺铁、锌、钙，西南高原、华中地区易缺硼。梨适宜中性土壤，但要求不严，pH 在 5.8～8.5 之间均生长良好。不同砧木对土壤的适应性不同，砂梨、豆梨较耐酸性土壤，在 pH 为 5.4 时亦能正常生长；杜梨耐偏碱，pH 在 8.3～8.5 之间亦能正常生长结果。梨亦较耐盐，一般含盐量不超过 0.25％的土壤均能正常生长，在含盐量超过 0.3％时即受害，杜梨比砂梨、豆梨耐盐力强。

5. 其它因素

微风与和风有利于梨的正常生长发育，风速过大、风势过强，超过梨的忍耐程度，就会造成风害。早春大风加重幼树抽条，大风损伤树体、花器和造成落果等。

冰雹是北方主要自然灾害之一，特别是山区常受其害，冰雹对梨造成的危害相当大，建园时要重点加以考虑。

(二)梨栽培适区

根据《中国果树志》第三卷(梨)与梨生产栽培分布情况,我国梨可划分为七个区:寒地梨区、干寒梨区、温带梨区、暖温带梨区、热带和亚热带梨区、云贵高原梨区和青藏高原梨区。

梨不同品种对生态条件的要求有很大差别。需要统一规划,选择适宜本地区发展的优良品种,形成整体优势,建立优质梨果生产基地。早熟梨多集中在长江流域各省,以江苏、浙江、湖北等省较多,而黄河流域各省栽培早熟梨,光照充足,昼夜温差大,果实品质较长江流域有显著提高。砂梨系统如日本和韩国梨适宜的地区为长江流域、西北和华北地区,特别适宜地区是陕西、山西、山东沿海地区。西洋梨原产夏干气候带,喜光、较耐旱,在夏湿气候带栽培易出现生长旺、结果迟、病害严重、雨季高温红色消退等问题,最适栽培地区为胶东半岛、辽东半岛及黄河故道地区,特别是河南西部以西、以北的黄土区相对干旱、日照充足,较接近原产地的生态条件。北方干寒地区可发展库尔勒香梨、南果梨、锦丰梨、苹果梨等。

近年来,我国西部各省如陕西、甘肃、宁夏、新疆梨发展速度很快,主要品种为酥梨、日本和韩国梨、库尔勒香梨等,山西也大力发展酥梨生产,山东、辽宁等省发展日本和韩国梨较多,黄河流域以南的地区主要发展早、中熟梨,如黄花梨、幸水等,四川栽培最多的是金花梨,河北省逐步缩减鸭梨、雪花梨面积,黄冠、日本和韩国梨等品种发展较快。

山东梨树栽培最为广泛,栽培历史悠久,梨适应性强、寿命长,尤其是气候、土壤适宜。依照生态条件和品种栽培特点,可分为三个梨栽培区:①胶东半岛梨产区。该地区气候温和湿润,品种资源丰富,如莱阳茌梨、栖霞大香水梨、黄县长把梨及巴梨系列等,为山东梨主产区。②鲁中南梨产区。该区地形复杂,品种多,如槎子梨、子母梨、金坠子梨、池梨等。③鲁西北平原梨产区。该地区地域广阔,生态条件适宜,是我国最大梨生产基地,即华北平原梨产区的一部分,品种主要为鸭梨、胎黄梨等。

(三)园地选择与建园

1. 园地选择

梨比较耐旱、耐涝和耐盐碱,对土壤条件要求不严,在沙地、滩地、丘陵山区以及盐碱地和微酸性土壤上都能生长,但以在土层深厚、质地疏松、透气性好的肥沃沙壤土上栽植的梨比较丰产、优质。

一般而言,平原地要求土地平整,土层深厚、肥沃;山地要求土层深度 50 厘米以上,坡度在 5°~10°,坡度越大,水土流失越严重,不利于梨的生长发育,北方梨园适宜在山坡的中、下部栽植。梨对坡向要求不很严格。盐碱地土壤含盐量不高于 0.3%,含盐量高,需经过洗碱排盐或排涝进行改良后栽植;沙滩地地下水位在 1.8 米以下。

2. 园地规划

园地规划主要包括水利系统的配置、栽培小区的划分、防护林的设置以及道路、房屋的建设等。

水是建立梨园首先要考虑的问题,要根据水源条件设置好水利系统。有水源的地方要合理利用,节约用水;无水源的地方要设法引水入园,拦蓄雨水,做到能排能灌,并尽量少占土地面积。

为了便于管理,可根据地形、地势以及土地面积确定栽植小区。一般平原地每 1～2 公顷为一个小区,主栽品种 2～3 个;小区之间设有田间道,主道宽 8～15 米,支道宽 3～4 米。山地要根据地形、地势进行合理规划。

防护林能够降低风速、防风固沙、调节温度与湿度、保持水土,从而改善生态环境,保护果树的正常生长发育。建立梨园时要搞好防风林建设工作。一般每隔 200 米左右设置一条主林带,方向与主风向垂直,宽度 20～30 米,株距 1～2 米,行距 2～3 米;在与主林带垂直的方向,每隔 400～500 米设置一条副林带,宽度 5 米左右。小面积的梨园可以仅在外围迎风面设一条 3～5 米宽的林带。

3. 授粉树的配置

大多数的梨品种不能自花结果,或者自花坐果率很低,生产中必须配置适宜的授粉树。授粉品种必须具备如下条件：①与主栽品种花期一致；②花量大，花粉多，与主栽品种授粉亲和力强；③最好能与主栽品种互相授粉；④本身具有较高的经济价值。几个品种的主要授粉品种见表3。

表3　　　　　　主栽品种与授粉品种一览表

主栽品种	授粉品种
鸭梨	雪花梨、砀山酥、茌梨、胎黄梨、栖霞香水梨、秋白梨、京白梨、锦丰梨
茌梨	栖霞香水梨、鸭梨、砀山酥梨、莱阳秋白梨
雪花梨	鸭梨、砀山酥梨、茌梨、秋白梨、胎黄梨、锦丰梨
栖霞香水梨	茌梨、砀山酥梨、鼓梗梨、锦丰梨
黄县长把梨	黄县秋梨、雪花梨、砀山酥梨
砀山酥梨	鸭梨、雪花梨、砀山马蹄黄
苹果梨	雪花梨、鸭梨、茌梨、京白梨、锦丰梨、秋白梨、南果梨
冬果梨	酥木梨、砀山酥梨、长把梨
锦丰梨	鸭梨、苹果梨、雪花梨、砀山酥梨、早酥梨
早酥梨	鸭梨、栖霞香水梨、黄县长把梨、锦丰梨、苹果梨、雪花梨
巴梨	茄梨、伏茄梨、三季梨
黄金	绿宝石、新高、水晶、黄冠、翠冠、西子绿
秋白梨	鸭梨、雪花梨、蜜梨、香水梨、京白梨、茌梨
水晶	新水、幸水、丰水、黄金
新高	鸭梨、京白梨、金花梨、砀山酥梨
爱宕梨	黄冠、二十世纪梨、丰水、幸水、新水
晚三吉	菊水、太白、今村秋梨、长十郎、明月、二宫白
丰水	黄金、绿宝石、早酥、华酥
黄冠	水晶、早酥、黄金、丰水

一个果园内最好配置两个授粉品种,以防止授粉品种出现小年时花量不足。授粉数量一般占主栽品种的1/5~1/4,定植时将授粉树栽在行中,每隔4~8株主栽品种定植一株授粉树,或4~5行主栽品种定植一行授粉树。

4.栽植密度

栽植密度要根据品种类型、立地条件、整形方式和管理水平来确定。一般长势强旺、分枝多、树冠大的种类,如白梨系统的品种,密度要稍小一些,株距4~5米,行距5~6米,每公顷栽植333~500株;长势偏弱、树冠较小的品种要适当密植,株距3~4米,行距4~5米,每公顷栽植500~833株;晚三吉、幸水、丰水等日本梨品种,树冠很小,可以更密一些,株距2~3米,行距3~4米,每公顷栽植833~1 666株。在土层深厚、有机质丰富、水浇条件好的土壤上,栽植密度要稍小一些;在山坡地、沙地等瘠薄土壤上应适当密植。

5.栽植技术

(1)栽植时期:梨一般从苗木落叶后至第二年发芽前均可定植。具体时期要根据当地的气候条件来决定。冬季不很严寒的地区,适宜采用秋栽。落叶后尽早栽植,有利于根系的恢复,成活率较高,次年萌发后能迅速生长。华北地区秋栽时间一般在10月下旬至11月上旬。在冬季寒冷、干旱或风沙较大的地区,秋栽容易发生抽条和干旱,最好在春季栽植,一般在土壤解冻后至发芽前进行。

(2)定植:定植前首先按照计划密度确定好定植穴的位置,挖好定植穴。定植穴的长、宽和深度均要达到1米左右,山地土层较浅,也要达到60厘米以上。栽植密度较大时,可以挖深、宽各1米的定植沟。回填时每穴施50~100千克土杂肥,与土混合均匀,填入定植穴内。回填至距地面30厘米左右时,将梨苗放入定植穴中央位置,使根系自然舒展,然后填土,同时轻轻提动苗木,使根系与土壤密切接触,最后填满,踏实,立即浇水。栽植深度以灌水沉实后苗木根颈部位与地面持平为宜。

(3)提高成活率:春季定植时要在灌水后立即覆盖地膜,以提高地温,保持土壤墒情,促进根系活动。秋季栽植后要于苗木基部埋土堆防寒,苗干可以套塑料袋以保持水分,到春季去除防寒土后再浇水覆盖地膜。

(四)绿色梨园建设

建立绿色梨果生产基地应选择无污染和生态条件良好的区域,要求土壤肥沃,水电齐全,基地周边3千米以内无污染源,其大气、土壤、水应具备绿色果品生产基地要求。

1.大气监测标准及有害气体的污染

(1)大气监测标准:大气监测可参照国家制定的大气环境质量标准(GB3095-82)执行。大气环境质量标准分

以下三级(表4):

一级标准:为保护自然生态和人群健康,在长期接触情况下,不发生任何危害影响的空气质量要求。生产绿色食品和无公害果品的环境质量应达到一级标准。

二级标准:为保护人群健康和城市、乡村的动植物,在长期和短期接触的情况下,不发生伤害的空气质量要求。

三级标准:为保护人群不发生急慢性中毒和城市一般动植物(敏感者除外)正常的空气质量要求。

表4　　　　　　　　　大气环境质量标准

污染物	浓度限值(毫克/分米^3)			
	取值时间	一级标准	二级标准	三级标准
总悬浮微粒	日平均	0.15	0.30	0.50
	任何一次	0.30	1.00	1.50
飘尘	日平均	0.05	0.15	0.25
	任何一次	0.15	0.50	0.70
	年日平均	0.02	0.06	0.10
二氧化硫	日平均	0.05	0.15	0.25
	任何一次	0.15	0.50	0.70
氮氧化物	日平均	0.05	0.10	0.15
	任何一次	0.10	0.15	0.30
一氧化碳	日平均	4.00	4.00	6.00
	任何一次	10.00	10.00	20.00
光化学氧化剂(O_3)	1小时平均	0.12	0.16	0.20

(2)有害气体的污染:随着经济的快速发展,大气污染日益严重,尤以靠近工矿企业、车站、码头、公路的农林作物受害更重。大气污染物主要包括二氧化硫、氟化物、臭氧、氮氧化物、氯气、碳氢化合物以及粉尘、烟尘、烟雾、雾气等气体、固体和液体粒子。这些污染物既能直接伤害果树,又能在植物体内外积累,人们食用后会引起中毒。

2. 土壤标准及土壤改良

(1)土壤标准:土壤中污染物主要是有害重金属和农药。果园土壤监测的项目有汞、镉、铅、砷、铬5种重金属和六六六、滴滴涕两种农药以及 pH 等。其中,土壤中的六六六、滴滴涕残留标准均不得超过0.1毫克/千克,5种重金属的残留标准因土壤质地而有所不同,一般采用与土壤背景值(本底值)相比,参阅《中国土壤背景值》。土壤污染程度共分为5级:1级(污染综合指数≤0.7),为安全级,土壤无污染;2级(0.7~1)为警戒级,土壤尚清洁;3级(1~2)为轻污染,土壤污染超过背景值,作物、果树开始被污染;4级(2~3)为中污染,即作物或果树被中度污染;5级(>3)为重污染,作物或果树受污染严重。只有达到1~2级的土壤才能作为生产无公害果品基地。

(2)土壤改良:梨园土壤深翻熟化,要求深翻达到80厘米左右,通气良好,含氧量5%以上,有机质含量1%左右。山地、丘陵要扩穴深翻,沙地园要抽沙换土,黏土梨园需客土压沙,深翻一般在晚秋至早春结合施有机肥进行。

土壤深翻后,一方面,通气性大大增强了,有利于土壤中微生物的活动,从而加速肥效的发挥。另一方面,打破土壤障碍层,扩大了根系的分布范围,这一点对于山丘薄地、有黏板层的黏土地及盐碱地尤为重要。通过深翻后,深层土壤的根系因环境条件的改善而生长大大好转,由于深层土壤的温度、水分等比较稳定,深翻的根冬季不停止活动,提高了果树的抗冻、抗旱能力。

秋季深翻:通常在果实采收前后结合秋施基肥进行。此时树体地上部分生长缓慢或基本停止,养分开始回流和积累,又值根系再次生长高峰,根系伤口易愈合,易发新根;深翻结合灌水,使土粒与根系迅速密接,利于根系生长。因此,秋季是果园深翻的较好时期。但在干旱、无浇水条件的地区,根系易受旱、冻害,地上枝芽易枯干,此种情况不宜进行秋季深翻。

春季深翻:应在土壤解冻后及早进行。此时地上部分尚处休眠状态,而根系刚开始活动,深翻后伤根易愈合和再生。从土壤水分季节变化来看,春季化冻后,土壤水分向上移动,土质疏松,操作省工。我国北方多春旱,翻后需及时浇水,早春多风地区蒸发量大,深翻过程中应及时覆土,保护根系。风大、干旱和寒冷地区,不宜进行春季深翻。

夏季深翻:最好在根系前期生长高峰过后,雨季来临前后进行。此时深翻后的降雨可使土粒与根系密接,不至发生吊根或失水现象。夏季深翻伤根易愈合,但如果伤根过多,易引起落果。结果期大树不宜在夏季深翻。

冬季深翻:宜在入冬后至土壤封冻之前进行。冬季深翻后要及时填土,以防冻根;如墒情不好,应及时灌水,防止漏风伤根;如果冬季雨雪稀少,次年宜及早春灌。北方寒冷地区多不宜进行冬季深翻。

深翻深度以比果树根系集中分布层稍深为宜,一般在60～90厘米,尽量不伤根或少伤1厘米以上的大根,因为梨树根系稀疏,伤断大根以后恢复较慢。深翻的方法主要有如下几种。

深翻扩穴:以栽植穴为中心,每年或隔年向外深翻扩大栽植穴,直到全园株行间全部翻遍为止。这种方法在山地、平地都可采用,果园面积比较大、劳力少的情况下更比较适用。由于每次扩穴都要伤一部分根,为避免因伤根而影响梨树生长结果,这种方法多在幼树期使用。

隔行深翻:隔1行深翻1行,分两次完成,每次只伤一侧根系,对果树影响较小。这种方法适用于初结果的梨园。

全园深翻:对栽植穴以外的土壤一次深翻完毕。全园深翻范围大,只伤一次根。这种方法有利于平整园地和耕作。

另外,梨园应结合浅锄及化学除草的方法消灭杂草,严防杂草丛生,否则有碍通风透光,消耗地力,且病虫滋生,果实品质变劣。浅锄后既免伤根系,又有利于土壤通气、提高地温和保墒等,是梨园土壤管理的好办法。

3. 灌溉水标准及灌水排水

果园灌溉水要求清洁无毒,并符合国家《农田灌溉水质量标准》(GB5084-92)。主要指标是:pH 5.5~8.5,总汞≤0.001毫克/升,总镉≤0.005毫克/升,总砷≤0.1毫克/升(旱作),总铅≤0.1毫克/升,铬(六价)≤0.1毫克/升,氯化物≤250毫克/升,氟化物2毫克/升(高氟区)、3毫克/升(一般区),氰化物≤0.5毫克/升。除此之外,还有细菌总数、大肠菌群、化学耗氧量、生化耗氧量等项。水质的污染物指数分为3个等级:1级(污染指数≤0.5)为未污染;2级(0.5~1)为尚清洁(标准限量内);3级(≥1)为污染(超出警戒水平)。只有符合1~2级标准的灌溉水才能生产无公害果品。

梨树的一切生命活动都离不开水,水对于梨树正如人们饮水一样重要。套袋梨园果实易发生日烧病,土壤应严防干旱,浇水次数和浇水量应多于不套袋梨园,一般套完袋要浇一遍透水防止日烧。土壤含水量为田间最大持水量的60%~70%最为适宜,低于或高于这个数值都对梨树生长不利,灌水量以浸透根部分布层(40~60厘米)为准。梨园灌水应根据天气情况,原则上随旱随灌,做到灌、排、保、节水并重。施肥与灌水并重,一般每次施肥后均应灌水,以利肥效的发挥。根据施肥次数,有萌芽期、幼果膨大期、催果膨大及封冻前浇水,全年至少应浇4次水。梨园供水应平稳,灌水的量以灌透为度,避免大水漫灌,否则不但浪费水而且效果不好。梨树采前20天应禁止灌水,否则果实含糖量降低。

梨树尤其是杜梨砧较为耐涝,但也应坚持排水,生产中往往对此重视不足,有些人甚至片面认为水越多越好。土壤中水分含量与空气含量是一对矛盾,土壤中水分含量过多则发生涝害,根系缺氧窒息,吸肥吸水受阻,轻者叶片光合效能下降,重者造成烂根,甚至出现死树现象。

4. 建设的基本条件

(1)依靠政府整合土地资源:在当地政府的积极协调下,努力把分散的种植户组织起来,成立果树专业合作社,推动土地流动,采取灵活多样的形式,实现土地适度规模经营,以便于统一管理和技术指导。这是农村提高劳动生产率、实现农业现代化的重要条件。

(2)加强技术指导:梨生产集约化经营水平要求较高,要按照标准化安全生产技术规程全面推广。培训果农,提高技术、文化素质,培养、建立一支具有实践经验的技术指导队伍。

(3)新品种示范与推广:安全生产应该根据生态环境条件的要求和市场需要,栽植和管理适销对路的新品种。推进良种化、区域化栽培,加快新技术、新成果推广,提高果品质量。

（4）实施名牌战略：实施名牌战略是一项系统工程，首先根据市场的需求，制定发展战略规划，集中人力、物力、财力，运用现代经营策略和手段，开发高档产品；名牌商品总以稳定配套技术标准和人才经营优势为基础，必须在生产技术、人才素质、经营管理等方面提高业务水平，开拓国内外市场，以提高市场的占有率，同时也对果业生产具有带动全局的作用。

五、梨树需肥特点与施肥

(一)梨树需肥特点与肥料种类

1. 梨树需肥特点

梨树所需的矿质元素有 N、P、K、Ca、Mg、S、Fe、Zn、B、Cu、Mn 等,其中 N、P、K 为大量元素,其余为微量元素。大量元素所需比例一般为 N:P:K 等于 1:0.5:1。微量元素需求较少,但缺乏时易出现缺素症。任何一种元素都要适量供应,过多或过少都会出现肥害或缺素症。例如,氮素供应过多时,枝条易徒长,树体过旺结果晚;磷肥过多时,会影响锌的吸收;缺铁时产生黄化病,缺锌时易产生小叶病。解决此类问题的最好方法是合理施肥,要以有机肥料为主。有机肥料养分全面,能活化土壤中的微生物,有利于土壤中各种养分的分解矿化,稳定供应树体。

2. 梨树需肥规律

梨树在一年的生长发育过程中,主要需肥时期为萌芽生长和开花坐果、幼果生长发育和花芽分化、果实膨大和成熟三个主要时期。在这三个时期中,应根据不同器官生长发育特点,及时供给必要的营养元素。

(1)萌芽生长和开花坐果期:春季萌芽生长和开花坐果几乎同时进行,由于多种器官建造和生长,消耗树体养分较多。通常,前一年树体内贮藏养分充足,翌年春季萌芽整齐,生长势较强,花朵较大,坐果率较高,对果实继续发育和改善品质都有重要影响。如果前一年结果过多,病虫危害或秋季未施肥,则应于萌芽前后补施以氮为主的速效肥料,并配合灌水,有利肥料溶解和吸收,供给生长和结果的需要,促进新梢生长、开花坐果和为花芽分化创造有利条件。

(2)幼果生长发育和花芽分化期:是指坐果以后,果实迅速生长发育,北方此时在5月上旬至6月上旬,此时发育枝仍在继续生长,同时果实细胞数量增加,枝叶生长处于高峰,都需要大量营养物质供应。否则,果实生长受阻而变小,枝叶生长减弱或被迫停止。这一时期树体养分来源是树体原有贮存养分和当年春季叶片本身制造的养分,共同供给幼果生长发育的需要。可见,强调前一年采果后尽早秋施有机肥,配合混施速效性氮肥和磷肥,对翌年春季营养生长、开花坐果和幼果生长发育是很有必要的。此时,梨树已进入花芽分化期,施肥有利于花芽形成。

(3)果实膨大和成熟期:这一时期为8月至9月中旬。由于果实细胞膨大,内含物和水分不断填充,果实体积明显增大,淀粉水解转化为糖和蛋白质分解成氨基酸的速度加快,糖酸比明显增加,同时叶片同化产物源源送至果实,果实品质和风味不断提高,是改善和增进果实品质的关键时期。此期如果施氮过多或降水、灌水过多,均可降低果实品质和风味。调查表明,后期控制氮施用量,果实中可溶性固形物含量有较大幅度提高。叶是果实中糖和酸的重要来源,叶面积不足或叶片受损,均可降低果实中糖酸含量和糖酸比而影响果实风味。提早采果不仅影响果实大小和重量,而且对果实中可溶性固形物和含糖量也有明显影响。为获得优质果实和丰产,应特别注意果实膨大期到成熟期前控制过量施氮和灌水,保护好叶片和避免过早采收。

3.肥料种类与科学使用

在梨果生产过程中,肥料的使用是必需的,以保证和增加土壤有机质的含量。但无论施用何种肥料,均不能造成对果品的污染,以便生产出安全、优质、营养的果品。为了确保梨果的质量,需要实施对生产用肥料进行安全管理。生产安全果品所施的肥料,如有机肥、化肥等,常用的安全肥料如下。

(1)有机肥:常用的有机肥主要指农家肥,含有大量动植物残体、排泄物、生物废物等。如堆肥、绿肥、秸秆、饼肥、泥肥、沤肥、厩肥、沼肥等。使用有机肥料不仅能为农作物提供全面的营养,而且肥效期长,可增加或更新土壤有机质,促进微生物繁殖,改善土壤的理化性状和生物活性,是梨果安全生产主要养分的来源。

(2)微生物肥:指用特定微生物菌种培养生产的具有活性有机物的制剂。该肥料无毒、无害、无污染,通过特定微生物的生命活力能增加植物的营养和植物生长激素,促进植物生长。土壤中的有机质以及使用的厩肥、人粪尿、秸秆、绿肥等,很多营养成分在分解之前作物是不能吸收利用的,要通过微生物分解变成可溶性物质才能被作物吸收利用。如根瘤菌能直接利用空气中的氮气合成氮肥,为植物生长提供氮素营养。微生物肥料的使用严格按照使用说明的要求操作,有效活菌的数量应符合NY 227-1994 中的规定。

(3)腐殖酸类肥:指泥炭、褐煤、风化煤等含有腐殖酸类物质的肥料,能促进梨树的生长发育、增加产量、改善品质。

(4)复混肥:主要由有机物和无机物混合或化合制成的肥料,包括经无害化处理后得到的畜禽粪便加入适量的锌、锰、硼、铝等微量元素制成的肥料和以发酵工业废液干燥物质为原料,配合种植蘑菇或养禽用的废弃混合物制成的干燥复合肥料。按所含氮、磷、钾有效养分的不同,可分为二元、三元复合肥料。

(5)无机肥:包括矿物钾肥和硫酸钾、矿物磷肥、煅烧磷酸盐、石灰石。限在酸性土壤中使用。增施有机肥和化肥有利于果树高产和稳产,尤其是磷、钾肥与有机肥混合使用可以提高肥效。

(6)叶面肥:指喷施于植物叶片并能被其吸收利用的肥料,可含有少量天然的植物生长调节剂,但不含有化学合成的植物生长调节剂。叶面肥料要求腐殖酸含量大于或等于8%,微量元素大于或等于6%,杂质镉、砷、铅的含量分别不超过0.01%、0.02%和0.02%。按使用说明稀释,在果树生长期内喷施2~3次或更多次。

其他肥料。如锯末、刨花、木材废弃物等组成的肥料,不含防腐剂的鱼渣、牛羊毛废料、骨粉、氨基酸残渣、家禽家畜加工废料、糖厂废料等有机物料制成的肥料。主要有不含合成添加剂的食品、纺织工业的有机副产品等。

4. 肥料的污染

随着农业经济的发展,种植者对肥料的用量呈大幅度增长的趋势。大量肥料的使用在提高梨果品产量的同时,也给农业生产带来了环境和果品的污染。

(1)氮肥的污染:梨园中长期大量使用的氮肥,特别是大量使用铵态氮肥,铵离子能够置换出土壤胶体上的钙离子,造成土壤颗粒分散,从而破坏土壤的团粒结构。

硫酸铵、氯化铵等生理酸性肥料使用过多,会导致土壤微生物的区系改变,促使土壤中病原菌数量增多。但肥料中氮素的挥发以及硝化、反硝化过程中排出的大量的二氧化氮,对动植物会造成不同程度的伤害。氮肥的长期过量使用,可使土壤中的硝酸盐含量增加,对人体健康造成一定程度的危害。

当氮肥的用量超过梨树需求量时,在降雨和灌溉的条件下可以通过各种渠道进入湖泊、河流,从而造成水体富营养化及地下水污染。

(2)磷肥的污染:磷肥中含有镉、氟、砷、稀土元素和三氯乙醛,过多使用会影响植物对锌、铁元素的吸收。同时,磷肥亦是土壤中有害重金属的一个重要污染源,磷肥中含铬量较高,过磷酸钙中含有大量的铬、砷、铅,磷矿石中还有放射性污染物如铀、镭等。磷肥过量使用,可通过各种渠道进入湖泊、河流,从而造成水体富营养化及地下水污染。劣质磷肥中的三氯乙醛进入水体成为水合三氯乙醛,可直接污染水体。

(3)钾肥的污染:钾肥过量使用会使土壤板结,并降低土壤的 pH,从而影响梨树生长。氯化钾中氯离子对果品的产量和品质均能造成不良影响。

(4)部分有机肥的污染:在梨树生产过程中,土壤施用有机肥,可以培肥地力,从而提供梨树营养,促进梨果生产。但部分有机肥料如厩肥、人粪尿等含多种有害微生物,如细菌、霉菌、寄生虫等及其产生的毒物,易造成环境的污染。

(二)梨树施肥

梨树为高产树种,丰产园每公顷产量可以达到 75 吨以上,每年需要从土壤中吸收大量的矿质营养。施肥可以补偿梨树从土壤中消耗的矿质营养,使消耗与归还之间保持平衡,同时调节土壤中各种元素之间的平衡。另外,施肥还能够培肥地力,为果树根系创造吸收利用养分的良好环境。但是,施肥必须与其他措施相互配合,才能充分发挥肥效。施肥的种类、数量和方法以及各种元素的配比都会影响施肥的效果,生产中必须掌握科学的施肥方法和选择正确的肥料种类,做到合理施肥。

1. 确定施肥量

确定合理的施肥量,要从树龄、土壤状况、立地条件以及肥料种类和利用率等方面来考虑,做到既不过剩,又能充分满足果树对各种营养元素的需要。叶分析是一种确定果树施肥量的比较科学的方法,当叶分析发现某种营养成分处于缺乏状态时,就要根据缺乏程度及时进行补充。鸭梨的主要叶营养诊断指标见表 5。另外,还可以根据树体的需要量减去土壤的供应量,然后再考虑不同肥料的吸收利用率来确定施肥量。计算公式为:

理论施肥量＝树体需要量－土壤供给量肥料利用率

表 5 　　　　　鸭梨的主要叶营养诊断指标

元素	标准值	变动范围
氮（％）	2.03	1.93～2.12
磷（％）	0.12	0.11～0.13
钾（％）	1.14	0.95～1.33
钙（％）	1.92	1.74～2.09
镁（％）	0.44	0.38～0.49
铁（毫克/千克）	113	95～131
锰（毫克/千克）	55	48～61
锌（毫克/千克）	21	17～26
硼（毫克/千克）	21	17～26
铜（毫克/千克）	16	6～26

表 6 　　　　　几种果园常用肥料的养分含量（％）

肥料名称	有机质	氮（N）	磷（P_2O_5）	钾（K_2O）
豆饼	—	7.00	1.32	2.13
花生饼	—	6.32	1.17	1.34
棉子饼	—	4.85	2.02	1.90
菜子饼	—	4.60	2.48	1.40
芝麻饼	—	6.20	2.95	1.40
苜蓿		0.56	0.18	0.31
毛叶苕子		0.56	0.13	0.43
草木樨		0.52	0.04	0.19
田菁		0.52	0.07	0.17
紫穗槐		3.02	0.68	1.81
鸡粪	25.5	1.63	1.54	0.85
猪粪	15.0	0.56	0.40	0.44

肥料名称	有机质	氮(N)	磷(P_2O_5)	钾(K_2O)
牛粪	14.5	0.32	0.25	0.15
马粪	20.0	0.55	0.30	0.24
羊粪	28.0	0.65	0.50	0.25
人粪	20.0	1.00	0.50	0.37
人尿	3.90	0.50	0.13	0.19
土杂肥	—	0.20	0.18~0.25	0.7~2.0
青草堆肥	28.2	0.25	0.19	0.45
麦秸堆肥	81.1	0.18	0.29	0.52
玉米秸堆肥	80.5	0.12	0.16	0.84
稻秸堆肥	78.6	0.92	0.29	1.74
河泥	0.27	0.59	0.91	
硫酸铵	—	20	—	—
碳酸氢铵	—	17	—	—
硝酸铵	—	33	—	—
尿素	—	46	—	—
磷酸一铵	—	11~12	60	
磷酸二铵	—	20~21	51~53	
过磷酸钙	—	—	14	—
钙镁磷肥	—		17	
磷酸二氢钾	—	52	35	
硫酸钾	—			60
氯化钾	—			50
草木灰	—	—	2.9	10

一般而言,每生产 100 千克梨果,需要吸收纯氮 0.47 千克、纯磷 0.23 千克、纯钾 0.47 千克,这三种元素的土壤天然供给比例分别为 1/3、1/2 和 1/2,肥料利用率分别为 50%、30% 和 40%。果园各种常用肥料的养分含量见表 6。由此可根据计划产量估算出所需要的施肥量。

生产中多凭经验和试验结果确定施肥量。从华北、辽宁梨区高产典型施肥情况看,每生产 100 千克梨果,需要施用优质猪圈粪或土杂肥 100 千克、尿素 0.5 千克、过磷酸钙 2 千克、草木灰 4~5 千克,生产中可以根据产量指标计算施肥量。

确定好全年施肥量以后,基肥按照全年施肥量的 50%~60% 施用,追肥总量按 40%~50% 施用。

2.基肥

基肥是梨树一年中较长时期供应果树养分的基本肥料,通常以迟效性的有机肥料为主,肥效发挥平稳而缓慢,可以不断为果树提供充足的常量元素和微量元素。常用作基肥的有机肥种类有腐殖酸类肥料、圈肥、厩肥、堆肥、粪肥、饼肥、复合肥以及各种绿肥、农作物秸秆、杂草等。基肥也可混施部分速效氮素化肥,以增快肥效。过磷酸钙等磷肥直接施入土壤中常易被土壤固定,不易被果树吸收,为了充分发挥肥效,宜将其与圈肥、人粪尿等有机肥堆积腐熟,然后作基肥施用。

(1)施用时期:基肥施用的最适宜时期是秋季,一般在果实采收后立即进行。此时正值根的秋季生长高峰，吸收能力较强，伤根容易愈合，新根发生量大。加上秋季光照充足，叶功能尚未衰退，光合能力较强，有利于提高树体贮藏营养水平。同时，秋施基肥，由于土壤温度比较高，能够充分的腐熟，不仅部分被树体吸收，而且早春可以及时供树体生长使用。落叶后施用基肥，由于地温低，伤根不易愈合，肥料也较难分解，效果不如秋施；春季发芽前施用基肥，肥效发挥慢，对果树春季开花坐果和新梢生长的作用较小，而后期又会导致树体生长过旺，影响花芽分化和果实发育。

(2)施用方法：为使根系向深广方向生长，扩大营养吸收面积，一般在距离根系分布层稍深、稍远处施基肥，但距离太远则会影响根系的吸收。基肥的施用方法分为全园施肥和局部施肥。成龄果园，根系已经布满全园，适宜采用全园施肥；幼龄果园宜采用局部施肥。局部施肥根据施肥的方式不同又分为环状施肥、放射沟施肥、条沟施肥等。

①全园施肥。多用于成龄果园和密植果园。方法是将肥料均匀撒施于梨园内，然后再结合秋耕翻入土中。施肥范围大，效果较好，但因施肥深度较浅，易导致根系上翻。

②环状沟施肥。多用于幼龄果园。方法是在树冠外围稍远处挖一环形沟，沟宽50厘米、深60厘米，将肥料与土混合施入。开沟部位随根系的扩展逐年外移，可以

与果树扩穴结合进行。缺点是容易切断水平根。

③放射沟施肥。从树冠下距树干 1 米左右处开始，呈放射状向外挖 6～8 条内浅外深的沟，沟宽 20 厘米、深 30 厘米左右，长度可到树冠外缘。沟内施肥后覆土填平。此法与环状沟施肥相比，施肥面积较大，伤根较少。要注意隔年变换挖沟位置，扩大施肥面。

④条沟施肥。在梨树行间、株间或隔行开沟，施入肥料，也可结合果园深翻进行。缺点是伤根多。

无论采用什么方法施肥，都要注意将肥料与土混合均匀，避免伤及大根。挖沟后要及时施肥、覆土、灌水，防止根系抽干。

3. 追肥

追肥是在施足基肥的基础上，根据梨树各物候期的需肥特点补给肥料。由于基肥肥效发挥平稳而缓慢，当果树急需肥料时，必须及时追肥补充，才能既保证当年壮树、高产、优质，又为翌年的丰产奠定基础。

追肥主要追施速效性化肥。梨园追肥常用的肥料种类有：氮肥（如尿素、硫酸铵、硝酸铵、碳酸氢铵等）、磷肥（如过磷酸钙、钙镁磷肥等）、钾肥（如硫酸钾、氯化钾、硝酸钾、草木灰等）、多元素复合肥（如磷酸铵、磷酸二氢钾以及三元复合肥等）、微量元素肥料（如硫酸亚铁、硼酸、硼砂、硫酸锌等）以及果树专用肥。

追肥的时期和次数与品种、树龄、土壤及气候有关。

早熟品种一般比晚熟品种施肥早,次数少;幼树追肥的数量和次数宜少;高温多雨或沙地及山坡丘陵地,养分容易流失,追肥宜少量多次。

一般梨树在年周期中需要进行如下几次追肥:

(1)花前追肥:发芽开花需要消耗大量的营养物质,主要依靠上年的贮藏营养供给。此时树体对氮肥敏感,若氮肥供应不足,易导致大量落花落果,并影响营养生长。所以要追施以氮为主、氮磷结合的速效性肥料。一般初结果树株施尿素 0.5 千克,盛果期树株施尿素 1.0～1.5 千克。

(2)花后追肥:落花后坐果期是梨树需肥较多的时期,应及时补充速效性氮、磷肥,促进新梢生长,提高坐果率,促进果实发育。一般初结果树株施磷酸二铵 0.5 千克,盛果期树株施 1.0 千克。

(3)花芽分化期追肥:此时中、短梢停止生长,花芽开始分化,追肥对花芽分化具有明显促进作用。此期追肥要注意氮、磷、钾肥适当配合,最好追施三元复合肥或全元素肥料。一般株施三元复合肥 1.0～1.5 千克,或果树专用肥 1.5～2.0 千克。

(4)果实膨大期追肥:此时果实迅速膨大,追肥主要是为了补充果树由于大量结果而造成的树体营养亏缺,增加树体营养积累。此期宜追施氮肥,并配合适当比例的磷、钾肥。

以上只是说明追肥的时期和作用,并不一定各个时期都要追肥,而是要本着经济有效的原则,因树制宜,合理施用。一般弱树要抓住前两次追肥,促进新梢生长,增强树势;旺树则要避免在新梢旺长期追肥,以缓和树势,促进花芽分化。

追肥的施用方法分为土壤施肥和根外施肥两种方式。

土壤追肥一般采用放射状沟施或环状沟施,方法与施基肥相似,但开沟的深度和宽度都要稍小。另外,可以采用灌溉式施肥,即将肥料溶于水中,随灌溉施入土壤。一般与喷灌、滴灌相结合的较多。灌溉式施肥供肥及时而均匀,肥料利用率高,既不伤根,又不破坏土壤结构,省工省力,可以大大提高劳动生产率。

根外施肥就是将肥料直接喷到叶片或枝条上,方法简单易行,肥效快,用肥量小,并且能够避免某些元素在土壤中的固定作用,可及时满足果树的急需。另外,由于营养元素在各类新梢中的分布比较均匀,因而有利于弱枝复壮。根外追肥虽有许多优点,但不能代替土壤施肥,大部分的肥料还是通过根部施肥供应。各种肥料根外施用时的浓度及时期如表 7 所示。

根外追肥最适宜的气温为 $18\sim25℃$,湿度稍大效果较好,所以喷施时间一般在晴朗无风天气的上午 10 点以前和下午 4 点以后。一般喷前应先做试验,确定不能产生肥害后,再大面积喷施。

表 7　　　　各种肥料根外施用时的浓度及时期

肥料名称	水溶液浓度(%)	喷施时期	施用目的
尿素(氮)	0.3~0.5	萌芽期至采果后	促进生长,提高叶质,延长叶片寿命,增加光合效能,提高坐果率,增加产量,促进花芽分化
硝酸铵(氮)	0.1~0.3		
硫酸铵(氮)	0.1~0.3		
磷酸铵(磷、氮)	0.3~0.5		
过磷酸钙(磷)	1~3	新梢停长、果实膨大至采收前	提高光合能力,促进花芽分化,提高坐果率,提高果实含糖量,增强果实耐藏性和树体抗寒力
氯化钾(钾)	0.3		
硫酸钾(钾)	0.5~1.0		
草木灰(钾、磷)	2~3		
磷酸二氢钾(磷、钾)	0.2~0.3		
硼砂(硼)	0.1~0.25	萌芽前、盛花期至9月	提高坐果率,防治缩果病
硼酸(硼)	0.1~0.5		
硫酸亚铁(铁)	0.1~0.4	4~9月休眠期	防治黄叶病
	1~5		
硫酸亚铁(铁)	0.1~0.4	萌芽后	防治小叶病
	1~5	萌芽前	

(三)梨树缺素症

　　梨树正常生长发育,需要从土壤中吸收多种营养元素,主要有氮、磷、钾等大量元素和硼、锰、钙、镁、硫、铁、锌、铜等微量元素。梨树所需要的每一种矿质元素,都有其不可替代的生理功能,缺乏某一种元素都会引起代谢失调,表现出缺素症状,最终影响树势、产量和果实品质。

现介绍几种梨树生产中常见缺素症状及防治方法。

1. 缺氮症

氮是植物叶绿素和蛋白质的主要成分,是生命活动的基础。

在生长期缺氮,叶呈黄绿色,老叶转变为橙红色或紫色,花芽不易形成,果实瘦小,但着色很好;长期缺氮,可引起树体衰弱,植株矮小。原因是土壤瘠薄,管理粗放。缺肥和杂草丛生的果园易缺氮,在沙质土上的幼树,生长迅速时,若遇大雨,几天内即表现出缺氮症。

防治方法:秋施基肥,配合施氮素化肥如硫酸铵、尿素等,生长期可土施速效氮肥2～3次,也可用0.5%～0.8%尿素溶液喷布树冠。

2. 缺磷症

在梨树的生长发育过程中,磷促进根系的生长,促进锌、硼、锰的吸收,有利于花芽分化、果树着色,增加含糖量;提高果实品质和果树的抗逆能力。

缺磷时,引起树势衰弱,根系发育迟缓,花芽分化不良。叶小而薄,枝条细弱,叶柄及叶背的叶脉呈紫红色,新梢的末端枝叶较明显。严重缺磷时,叶片边缘出现半圆形坏死斑,老叶上先形成黄绿色和深绿色相间的花叶,很快脱落,果品产量和果实品质下降。原因是土壤本身有效磷不足,特别是碱性土壤中,磷易被固定,降低了磷的有效性。长期不施有机肥或磷肥,偏施氮肥,也会造成缺磷。

防治方法:对缺磷果树,于展叶后,叶面喷施磷酸或过磷酸钙。要注意磷酸施用过多时,可引起缺铜、缺锌现象。

3.缺钾症

钾可促进果实的膨大和成熟,促进糖的转化和运输,提高果品质量和耐贮性,并可促进植物的加粗生长,提高抗寒、抗旱、耐高温和抗病虫害的能力。

钾素不足,会引起碳水化合物和氮素代谢紊乱,蛋白质合成受阻,抗病力降低;树体营养缺乏,叶、果均小,果实发育不良,易发生裂果,着色差,含糖量降低,采前落果亦重,产量和果实品质明显降低。叶缘呈深棕色或黑色,逐渐枯焦,枝条生长不良,果实常呈不熟状态。沙质土或有机质少的土壤易表现缺钾症。

增施有机肥,如厩肥或草秸。果园缺钾时,于6~7月可追施草木灰、氯化钾或硫酸钾等化肥,或叶面喷施0.3%的磷酸二氢钾。

4.缺铁症

多从新梢的顶端幼嫩叶片开始,初期叶肉先变黄,叶脉两侧仍为绿色,叶呈绿色网纹状,新梢顶端叶片较小。随着病势的发展,黄化程度逐渐加重,甚至全叶呈黄白色,叶缘产生褐色枯焦的斑块,最后全叶枯死而早落。严重缺铁时,新梢顶端枯死。原因是在碱性或盐碱重的土壤里,大量可溶性的二价铁被转化为不溶性的三价铁盐而沉淀,铁不能被植物吸收利用。在盐碱地和含钙质较多的土壤容易引起黄叶病。地下水位高的地,土壤盐分常随地下水积于地表易发生黄叶病。在铜、锰施用过多时,或磷肥过多使用,钾不足时也易发病。

防治方法:加强果园的综合管理,做好灌水压盐碱工作,控制盐分上升,减少表土中含盐量。进行土壤管理,增施有机肥,改良土壤,解放土壤中的铁元素,同时,适当补充可溶性铁素化合物,以减少黄叶病的危害。发病严重的果树,发芽前可喷施 $0.3\%\sim0.5\%$ 的硫酸亚铁溶液或硫酸铜、硫酸亚铁和石灰混合液,可控制病害发生。用 $0.05\%\sim0.1\%$ 的硫酸亚铁溶液注射树干,也有一定的效果。

5. 缺锌症

又称小叶病,一般与梨缺铁病同时发生。病树春季发芽较晚,抽叶后,生长停滞,叶片狭小,叶缘向上,叶呈淡黄绿色或浓淡不均,病枝节间缩短,形成簇生小叶,花芽少,花朵小而色淡,不易坐果,严重者叶片从新梢的基部逐渐向上脱落,只留顶端几簇小叶,形成光枝现象。原因是土壤呈碱性,在碱性土壤中锌盐常易转化为难溶状态,不易被植物吸收。有机物和土壤水分过少时也易发生缺锌。叶片中含锌量低于 10×10^{-6} 即表现缺锌症状。

防治方法:增施有机肥,改良土壤。结合秋季和春季施基肥,每株大树施用 0.5 千克硫酸锌,第二年见效,持效期较长。在春季芽露白时喷布 1‰硫酸锌溶液,当年效果较好。

6. 缺硼症

表现为春季 2～3 年生枝的阴面出现疤状突起,皮孔木栓化组织向外突出,用刀削除表皮可见零星褐色小点,严重时,芽鳞松散,呈半开张状态,叶小,叶原体干缩,不舒展,坐果率极低。新梢上的叶片色泽不正常,有红叶出现。中下部叶色虽正常,但主脉两侧凸凹不平,叶片不展,有皱纹,色淡。发病严重时,花芽从萌发到开绽期陆续干缩枯死,新梢仅有少数萌发或不萌发,形成秃枝、干枯。根系发黏,似杨树皮,许多须根烂掉,只剩骨干根。果实近成熟期缺硼,果实小,畸形,有裂果现象,不堪食用。轻者果心维管束变褐,木栓化;重者果肉变褐,木栓化,呈海绵状。秋季未经霜冻,新梢末端叶片即呈红色。

发病规律:土壤瘠薄的山地,河滩地果园发病较重;春季开花期前后干旱发病重;土壤中石灰质较多,硼易被钙固定,或钾、氮过多,均易发生缺硼症。梨树品种中,除苹果梨外,长十郎、二十世纪、新世纪、石井早生等日本梨品种,也常发生缺硼症。

防治方法:深翻改土,增施有机肥。开花前后充分灌水,可明显减轻危害。梨树开花前、开花期和落花后喷 3

次 0.5％的硼砂液。结合施基肥,每株大树施硼砂 100～150 克,用量不可过多,施肥后立即灌水,以防产生药害。

7. 缺钙症

钙在树体内起着平衡生理活动的作用,适量的钙素可减轻土壤中钠、钾、氢、锰、氯离子的毒害作用,促进根系正常生长,加速氨态氮的转化。

在新梢生长 6～30 厘米时,即形成顶芽而停止生长,顶端嫩叶上形成褪绿斑,叶尖及叶缘向下卷曲,经 1～2 天后,褪绿部分变成暗褐色,并形成枯斑。症状可逐渐向下部叶片扩展。地下部幼根逐渐死亡,在死根附近又长出许多新根,形成粗短且多分枝的根群。原因主要是土壤含钙量少。土壤中氮、钾、镁较多时,也容易缺钙。

防治方法:叶面喷布硝酸钙或氯化钙。在氮较多时,应喷氯化钙。喷布硝酸钙或氯化钙都易造成药害,其安全浓度为 0.5％。对易发病树一般喷 4～5 次,最后一次在采收前 3 周喷为宜。

8. 缺锰症

缺锰时,梨树各部位、各叶龄的叶片均表现从叶缘向脉间轻度失绿,但梢顶部新生叶症状轻或不表现症状。发病原因是土壤中可溶性锰不足,中性或碱性土壤易发生。

防治方法:可叶面喷布硫酸锰;或在缺锰严重的园片,每亩施用 2～4 千克锰肥。

9. 缺镁症

梨树缺镁时,叶的叶肋及叶缘的中间部绿色转淡变为淡黄色或褐色,发病严重时,除叶的中肋外,全面黄化,这种症状在果实发育过程中表现较为明显,近着果部位或徒长枝基部的基叶易发生,缺镁的叶自枝的下部开始出现,严重时则自枝的下部向上逐次提早落叶。也严重影响了果实着色和风味。

在淋溶性强的酸性土壤,尤其沙质土壤发病较普遍,雨量多的年份更易发生;另外,施用钾肥过多,也能促进镁的缺乏。可施用硫酸镁肥加以防治。

六、整形修剪

(一)梨树的枝芽特性

1.芽的类型

梨的芽分为顶芽、侧芽,副芽、潜伏芽,叶芽、花芽等多种类型。

(1)顶芽:着生在枝条顶端的芽称为顶芽。

(2)侧芽:着生在枝条顶端以下各部位叶腋间的芽,称为侧芽,也称为腋芽。

(3)副芽:侧芽基部有一对很小的芽,是在原来的侧芽最外两片鳞片间形成的,称为副芽。

(4)潜伏芽:枝条基部芽以及侧芽基部的副芽,生长势极弱,一般不萌发而呈潜伏状态,只有在短截等刺激下才能萌发,这样的芽称为潜伏芽,也称为隐芽。

(5)叶芽:萌发后只抽枝长叶,不能开花结果的芽称为叶芽。

（6）花芽：萌发后能够开花的芽称为花芽。着生在枝条顶端的称为顶花芽，着生在其他部位叶腋间的芽称为腋花芽。

（7）混合花芽：萌发后不仅能够抽枝长叶，而且着生花序，能够开花的芽称为混合花芽。梨树的花芽均为混合花芽。

2.枝干的类型

梨树的枝干包括骨干枝、辅养枝和结果枝等。

（1）骨干枝：骨干枝包括主干、中心干、主枝和侧枝等，是构成树体骨架的主要枝干。

（2）主干：从根颈起到构成树冠的第一大分枝基部的树干称为主干。主干负载着整个树冠的重量，是根系和树冠营养物质交换的运输通道。

（3）中心干：第一层主枝以上直到树冠顶端的树干称为中心干，也称为中央领导干。

（4）主枝：直接着生在中心干上，构成树冠骨架的各大分枝称为主枝。

（5）侧枝：直接着生在主枝上的大枝称为侧枝。从靠近主枝基部的第一个算起，分别称为第一、二、三……侧枝。

（6）延长枝：各级骨干枝先端向外延伸生长的一年生枝，称为延长枝或延长头，它逐年向外延伸，扩大树冠。

（7）辅养枝：着生在树冠各部的非骨干枝称为辅养枝，其作用是辅养树体和开花结果。

(8)枝组:着生在各级骨干枝上的小枝群,其中有若干结果枝和营养枝,是生长和结果的基本单位,常被称为结果枝组。

3.枝条的类型

枝条的种类较多,现依据分类方法主要介绍几种枝条类型。

(1)新梢:芽萌发后长出的新枝,在当年落叶之前称为新梢。

(2)果台:梨树着生花芽的部位,开花结果后增粗肥大,称为果台。果台上抽生的副梢,称为果台副梢。

(3)结果枝:着生花芽,能够开花结果的一年生枝,称为结果枝。结果枝按长度又分如下几种:①长果枝,当年生长量在15厘米以上,顶芽是花芽;②中果枝,当年生长量在5~15厘米,顶芽是花芽;③短果枝,当年生长量在5厘米以下,顶芽是花芽;④短果枝群,短果枝多年连续结果、分枝形成的多个短果枝聚集在一起的枝群,称为短果枝群。

(4)营养枝:只着生叶芽,萌发后只能抽梢长叶的枝,称为营养枝。营养枝具有辅养树体、扩大树冠的作用,并且能够形成结果枝。

(5)徒长枝:由休眠芽受刺激萌发生长而成,常着生在各级骨干枝的多年生部位,特点是生长势旺、节间长、叶片大而薄、芽体瘦弱、消耗营养物质较多。徒长枝在树体更新复壮中具有重要作用。

(6)竞争枝:着生在骨干枝延长头下部,生长直立、强旺的枝条,常与延长枝竞争生长,争夺营养和空间。

4. 梨树的枝、芽生长特点

对树体进行合理的整形修剪,需要了解枝芽的生长特点,并按特点采用适当的修剪方法和适宜的丰产树形。

(1)芽的异质性:同一枝条上不同部位的芽在发育过程中由于受外界环境条件以及内部营养状况的影响,最终形成的芽在芽体大小、充实程度、生长势以及其他特性方面存在差异,这种差异,称为芽的异质性。

(2)萌芽力:一年生枝上的芽能够萌发枝叶的能力称为萌芽力。一般以萌发的芽数占总芽数的百分率来表示,称为萌芽率。

(3)成枝力:一年生枝上的芽,不仅能够萌发,而且能够抽生长枝的能力,称为成枝力。一般以长枝占总芽数的百分率或者具体成枝数来表示。

(4)顶端优势:在同一枝条或植株上,处于顶端和上部的芽或枝,其生长势明显强于下部的现象,称为顶端优势,也称为极性。

(二)修剪的基本方法

1. 短截

短截是对梨树的一年生枝条剪去一部分,保留一部分的方法,是梨树整形修剪中应用最广泛的方法之一。按短截的程度可以分为轻短截、中短截、重短截和极重短截四种。

(1)轻短截:仅剪去枝条的顶端部分,大约截去枝条全长的1/4。一般剪口下选留弱芽或次饱满芽。修剪后,由于剪口芽不充实,从而削弱了顶端优势,使芽的萌发率提高。剪口下发出的中长枝条的生长势较原来的枝条弱,可形成较多的中短枝和叶丛枝。有缓和树势、促进花芽形成的作用。

(2)中短截:指在一年生枝中部的饱满芽处剪截,截去枝条全长的1/4~1/2。中短截加强了剪口以下芽的活力,从而提高萌芽率和成枝力,促进生长势。中短截常用于培养大、中型结果枝组以及在骨干枝的延长段上采用,以扩大树冠。另外,为复壮弱树、弱枝等也常运用中短截。

(3)重短截:在枝条下部或基部次饱满芽处剪截,剪去枝条的大部分,为枝条全长的1/2~3/4。由于剪去的芽多,使枝势集中到剪口芽,可以促使剪口下萌发1~2个旺枝及部分中短枝。通常在对某些枝条既要保留利用,又要控制其生长部位和生长势时采用,常用于控制竞争枝、直立枝或培养小型枝组。

(4)极重短截:在枝条基部轮痕处剪截,剪口下留弱芽或芽鳞痕,促使基部隐芽萌发。剪后一般萌发1~2个中庸枝,能够起到削弱枝条生长势、降低枝位的作用。有些部位需要留枝,但原有枝条生长势太强,可采取极重短截的办法,以强枝换弱枝。

2. 疏剪

将一年生枝条或多年生枝从基部全部剪除或锯掉称为疏剪。

疏剪主要是去除影响光照的过密大枝、交叉枝、重叠枝、竞争枝、没有利用价值的徒长枝、病虫枝、枯死枝、衰弱枝和过多的弱果枝等。疏剪减少了梨树总体的生长量,能够调节枝条密度、枝类组成和果枝比例,改善树冠内的透光条件,调节局部枝条的生长势。疏剪的剪口阻止养分上运,对剪口上部枝条的生长有削弱作用,同时疏剪改善了下部枝的光照及营养条件,因而有利于促进剪口下部枝条的生长势。

疏剪主要用于盛果期梨树,既削弱树势,又能减少总生长量;疏剪与短截相比,更有利于形成花芽,此法的应用有利于通风透光,增加中、短枝数量,并且可提高果实品质,增加效益。

3. 回缩

回缩也称缩剪,是指对多年生枝或枝组进行的剪截。

缩剪可以改变枝条角度,限制枝组的生长空间,减少枝条生长量,增强局部枝条的生长势,调节枝组内的枝类组成,减少营养消耗,保证营养供应,促进成花结果。对生长势较强的枝组,去强留弱,可以改善光照,平衡树势;

对衰老枝组去弱留强,下垂枝抬高枝头,可以达到更新复壮的目的;对交叉枝、重叠枝,采用放一缩一方法,充分利用。

4. 缓放

对一年生发育枝不进行剪截处理,任其自然生长称为缓放,也称甩放或长放。

缓放多应用在幼树和旺树的辅养枝上。由于缓放没有剪口的刺激作用,可以减缓顶端优势,使枝条长势缓和,促进萌芽率的提高,增加中短枝比例,促进花芽形成,对促进旺树、旺枝早成花和早结果有良好效果。长枝不剪,具明显增粗效果,生长势减弱,且萌生大量中、短枝,早期叶形成的多,有利于营养物质的积累和花芽的形成;中枝缓放不剪,由于顶芽有较强的生长能力,某些品种由于顶芽与母枝生长势相近或略弱于中枝,下部侧芽发生较多的、生长弱的短枝。但对长枝、中枝连续数年缓放不剪,会造成枝条紊乱,枝组细长,结果部位外移较快,后部易光秃。因此,长枝缓放 1～2 年以后,须结合短截或缩剪进行处理。

5. 拉枝

幼树若任其自然生长,由于顶端优势和极性较强,角度往往不开张,枝条直立生长,长旺枝多而短枝较少。因此,必须采用拉枝的方法开张枝条角度,控制极性,缓势促花。拉枝是指用绳或铁丝将角度小的骨干枝或大辅养

枝拉开角度,使主枝角度开张至 70°左右,辅养枝角度 80°
以上,以达到整形和早果丰产的要求。拉枝要注意在枝
条的中下部,使基角开张,避免拉在枝条的上部,以防被
拉枝梢端下垂,弯曲部位萌发旺枝。拉枝还可以改变枝
条的生长方位,使骨干枝和辅养枝在树冠内均匀分布,有
利于形成良好的树体结构。

6. 刻芽、抹芽

刻芽也称为目伤。春季萌芽前,在枝条芽的上方 0.5
厘米处用刀横割呈月牙形伤口,深达木质部,从而刺激芽
子萌发抽枝的方法称为刻芽。在芽的上方刻,可使水分
和养分集中到伤口下的芽上,促进芽的萌发;在芽的下方
刻,则可以抑制芽的萌发。刻芽时,注意以刻两侧芽为
主,尽可能不刻背上芽。

抹芽也称为除萌。在春季将骨干枝上多余的萌芽抹
除。及时抹芽,可以减少养分的消耗,避免树冠内部枝条
密挤,改善树体的通风透光条件。

7. 摘心

生长季节,在尚未木质化或半木质化时,把新梢顶端
的幼嫩部分摘除叫摘心。其作用是抑制新梢旺长,减少
养分消耗,削弱枝条生长势,促进分枝,增加枝条密度,培
养结果枝组,促进花芽形成。对果台枝摘心还具有提高
坐果率和减轻生理落果的作用。摘心因品种栽培条件和
目的而不同,以整形为目的,在新梢有一定生长量时,选

饱满芽进行较重摘心;培养枝组时,应早摘、轻摘进行多次;促使侧芽形成腋花芽时,可以晚摘,并以不使侧芽萌发为适度。

8.环剥、环割

在枝干上按一定宽度用刀剥去一圈环状皮层称为环剥。环剥暂时切断了营养物质向下运输的通道,使光合作用制造的有机营养较多地留在环剥口上方,因而对促进花芽形成和提高坐果率效果明显,并且能够抑制环剥口上部枝条的生长势,可促使幼旺树早成花、早结果。一般多用于旺树、旺枝、辅养枝和徒长枝等。

环剥的宽度越宽,愈合越慢,对环剥部位以上的抑制生长和促进成花作用越强。但剥口过宽时会严重削弱树势,甚至造成死树或死枝。一般环剥口以枝干粗度的1/10左右,以 20～30 天愈合为宜,强旺枝可略宽一些。环剥时注意切口深度要达到木质部,但不要伤及木质部,剥皮时要特别注意保护形成层,以利愈合。多雨的季节,剥口应包裹塑料布或牛皮纸,加以保护。

环割是在枝干上横割一圈或数圈环状刀口,深达木质部但不损伤木质部,只割伤皮层,而不将皮层剥除。环割的作用与环剥相似,但由于愈合较快,因而作用时间短,效果稍差。主要用于幼树和旺树上长势较旺的辅养枝、徒长旺枝等。

9.拿枝

拿枝是对直立或斜生旺长的新梢,在中下部用手握拿,使木质部轻微受到损伤,使枝梢斜生或水平生长的方法。其作用是开张新梢生长角度,改变生长方向、位置,缓和新梢的生长势,增加翌年枝条的萌芽力和成枝力。以调整枝条角度、方位为目的的拿枝宜在枝条旺长、柔软时进行,以促进侧芽发育或形成腋花芽为目的的拿枝,一般在生长后期7~8月进行。

(三)主要树形及整形修剪特点

1.主干疏层形

(1)树体的基本结构:树高4.5米,冠径4.5~5米,干高70~80厘米。全树分三层,有主枝5~7个,其中第一层3~4个主枝,第二层2个主枝,第三层1个主枝。第一、二层间的间距在100厘米左右,二、三层之间为80~100厘米。第一层主枝开张角度70°~80°,配2~3个侧枝;第二层主枝开张角度50°,配1~2个侧枝。各层主枝和侧枝相互交错、插空排列。该树形整形容易,修剪量轻,成形快,树冠体积和主枝数量适当,枝组易配备,结果早,具丰产潜力,适于大多数品种。

(2)整形方法:定植后在80~90厘米处定干。第一年冬剪时选择最上面的一个旺长枝条作为中央领导干,留50~60厘米短截;从下部抽生的长枝中选3~4个作为一层主枝,同样留50～60厘米短截,促发分枝,以便将来选配侧枝。以后每年如此,直至培养出最后一个主枝。侧枝的培养同主枝一样,同侧的侧枝间距要达到80厘米左右。

2.二层开心形

(1)树体的基本结构:树高3.5～4.0米,冠径4.0～4.5米,干高60～80厘米。全树分两层,有5～6个主枝,其中第一层3～4个,第二层2个,层间距1米左右。该树形透光性好,适宜喜光性强的品种。

(2)整形方法:定植后留80～100厘米定干。第一年冬剪时,选生长旺盛的剪口枝作为中央领导干,剪留50～60厘米,以下3～4个侧生分枝作为第一层主枝。以后每年同样培养上层主枝,直到培养出第三层主枝时,控制第三层以上的部分,最终落头开心成二层开心形。侧枝要在主枝两侧交错排列,同侧侧枝间距要达到100厘米左右。

3.开心疏层形

(1)树体的基本结构:树高4～5米,冠径5米左右,干高40～50厘米。树干以上分成三个势力均衡、与主干延伸线呈30°角斜伸的中干,因此,也称为"三挺身"树形。三主枝的基角为30°～35°,每主枝上,从基部起培养背后或背斜侧枝1个,作为第一层侧枝,每个主枝上有侧枝6～7个,成层排列,共4～5层,侧枝上着生结果枝组,里侧仅能留中小枝组。该树形骨架牢固,通风透光,适用于生长旺盛、直立的品种,但幼树整形期间修剪较重,结果较晚。

(2)整形方法:定植后留 70 厘米定干。第一年冬剪时选择三个角度、方向均比较适宜的枝条,剪留 50～60 厘米,培养成为三条中干。第二年冬剪时,每条中干上选留一个侧枝,留 50～60 厘米短截,以后照此培养第二、三层侧枝。主枝上培养外侧侧枝。整个整形过程中要注意保持三条中干势力均衡。

4. 纺锤形

(1)树体的基本结构:树高 3 米左右,冠径 2.0～2.5 米,干高 60 厘米。中心干上直接着生大型结果枝组(亦即主枝)10～15 个,中心干上每隔 20 厘米左右一个,插空排列,无明显层次。主枝角度 70°～80°,枝轴粗度不超过中干的 1/2。主枝上不留侧枝,直接着生结果枝组。其特点是只有一级骨干枝,树冠紧凑,通风透光好,成形快,结构简单,修剪量轻,生长点多,丰产早,结果质量好。

(2)整形方法:定干高度 80～100 厘米,第一年不抹芽,在树干 40～50 厘米、枝条长度在 80～100 厘米者秋季拉枝,枝角角度 90°,余者缓放,冬剪时对所有枝进行缓放。翌年对拉平的主枝背上萌生直立枝,离树干 20 厘米以内的全部除去,20 厘米以外的每间隔 25～30 厘米扭梢 1 个,其余除去。中干发出的枝条,长度 80 厘米左右可在秋季拉平,过密的疏除,缺枝的部位进行刻芽,促生分枝。第三年控制修剪,以缩剪和疏剪为主,除中心干延长枝过弱不剪外,一般缩剪至弱枝处,将其上竞争枝压平或疏除;弱主枝缓放,对向行间伸展太远的下部主枝从弱枝处回缩,疏除或拉平直立枝,疏除下垂枝。第四或第五年中心干在弱枝处落头,以后中心干每年在弱枝处修剪保持树体高度稳定。修剪上应根据树的生长结果状况而定,幼旺树宜轻剪,随树龄的增长,树势渐缓,修剪应适度加重,以便恢复树势,保持丰产、稳产、优质树体结构。

5.V 字形

(1)树体的基本结构:无中干,干高 50 厘米左右,两主枝呈"V"字形,主枝上无侧枝,其上培养小型侧枝和结果枝组,两主枝夹角为 80°～90°。

(2)整形方法:该树形要求定植壮苗,定干高度 70～90 厘米,定干后第 1～2 芽抽发的新枝,开张角度小,其下分支开张角度大,可以培养为开张角度大的主枝,在生长季中,开张角度小的可疏除。第 2～3 年冬剪时,主枝延长枝剪去 1/3,夏季注意疏除主枝延长枝的竞争枝等。第四年对主枝进行拉枝开角,并控制其生长势,生长季节对旺长枝进行疏除,扭枝抑制生长,形成短果枝和中果枝。第五年树形基本完成,主枝前端直立旺盛,徒长枝少,短果枝形成合理。

该树形另一种建造方法是,定植后不定干,待苗木发芽后将苗按腰角 70°拉倒,并在弯曲处选一好芽刻伤,促发直立枝。翌年将第一主枝上培养出的直立枝拉向相反方向,培养第二主枝,同时应对第一主枝上其余直立枝加以控制。主枝延长枝有生长空间的一般不短截;树势较弱,对主枝延长枝可轻度短截;无生长空间的可缩至弱枝、弱芽处。

(四)不同树龄树的修剪特点

1. 幼树期

幼树整形修剪重点应以培养骨架、合理整形、迅速扩冠占领空间为目的,在整形的同时兼顾结果。幼龄梨树枝条直立,生长旺盛,顶端优势强,很容易出现中干过强、主枝偏弱的现象。修剪的主要任务是,控制中干过旺生长,平衡树体生长势力,开张主枝角度,扶持培养主、侧枝,充分利用树体中的各类枝条,培养紧凑健壮的结果枝组,早期结果。

苗木定植后,首先依据栽培密度确定树形,根据树形要求选留培养中干和一层主枝。为了在树体生长发育后期有较大的选择余地,整形初期可多留主枝,主枝上多留侧枝,经 3~4 年后再逐步清理,明确骨干枝。对其余的枝条一般尽量保留,轻剪缓放,以增加枝叶量,辅养树体,以后再根据空间大小进行疏、缩调整,培养成为结果枝组。

选定的中干和主枝要进行中度短截,促发分枝,以培养下一级骨干枝。同时,短截还能促进骨干枝加粗生长,形成较大的尖削度,保证以后能承担较高的产量。为了防止树冠抱合生长,要及时开张主枝角度,削弱顶端优势,促使中后部芽子萌发。一般幼树期一层主枝的角度要求在 40°～50°。

修剪时注意幼树期要调整中干、主枝的生长势力,防止中干过强、主枝过弱,或者主枝过强、侧枝过弱。对过于强旺的中干或主枝,可以采用拉枝开角、弱枝换头等方法削弱生长势。

2.初果期

梨树进入初结果期后,营养生长逐渐缓和,生殖生长逐步增强,结果能力逐渐提高。此时要继续培养骨干枝,完成整形任务,促进结果部位的转化,培养结果枝组,充分利用辅养枝结果,提高早期产量。

修剪时首先对已经选定的骨干枝继续培养,调节长势和角度。带头枝仍采用中截向外延伸,中心干延长枝不再中截,缓势结果,均衡树势。辅养枝的任务由扩大枝叶量、辅养树体,变为成花结果、实现早期产量。此时梨树已经具备转化结果的生理基础,只要势力缓和就可以成花结果。因此,要对辅养枝采取轻剪缓放、拉枝转换生长角度、环剥(割)等手段,缓和生长势,促进成花。

培养结果枝组,为梨树丰产打好基础,是该时期的重要工作。长枝周围空间大时,先行短截,促生分枝,分枝再继续短截,继续扩大,可以培养成大型结果枝组;周围空间小时,可以连续缓放,促生短枝,成花结果,等枝势转弱时再回缩,培养成中、小型结果枝组。中枝一般不短截,成花结果后再回缩定型。大、中、小型结果枝组要合理搭配,均匀分布,使整个树冠圆满紧凑,枝枝见光,立体结果。

3. 盛果期

梨树进入盛果期,树形基本完成,骨架已经形成,树势趋于稳定,具备了大量结果和稳产优质的条件。此时修剪的主要任务是,维持中庸健壮的树势和良好的树体结构,改善光照,调节生长与结果的矛盾,更新复壮结果枝组,防止大小年结果,尽量延长盛果年限。

树势中庸健壮是稳产、高产、优质的基础。中庸树势的标准是:外围新梢生长量 30～50 厘米,长枝占总枝量的 10%～15%,中、短枝占 85%～90%,短枝花芽量占总枝量的 30%～40%;叶片肥厚,芽体饱满,枝组健壮,布局合理。树势偏旺时,采用缓势修剪手法,多疏少截,去直立留平斜,弱枝带头,多留花果,以果压势。树势偏弱时,采用助势修剪手法,抬高枝条角度,壮枝壮芽带头,疏除过密细弱枝,加强回缩与短截,少留花果,复壮树势。对中庸树的修剪要稳定,不要忽轻忽重,各种修剪手法并用,及时更新复壮结果枝组,维持树势的中庸健壮。

　　结果枝组中的枝条可以分为结果枝、预备枝和营养枝三类,各占 1/3,修剪时区别对待,平衡修剪,维持结果枝组的连续结果能力。对新培养的结果枝组,要抑前促后,使枝组紧凑;衰老枝组及时更新复壮,采用去弱留强、去斜留直、去密留稀、少留花果的方法,恢复生长势。对多年长放枝结果后及时回缩,以壮枝壮芽带头,缩短枝轴。去除细弱、密挤枝,压缩重叠枝,打开空间及光路。

　　梨树是喜光树种,维持冠内通风透光是盛果期树修剪的主要任务之一。解决冠内光照问题的方法有:①落头开心,打开上部光路;②疏间、压缩过多、过密的辅养枝,打开层间;③清理外围,疏除外围竞争枝以及背上直立大枝,压缩改造成大枝组,解决下部及内膛光照问题。

4. 衰老期

　　梨树进入衰老期,生长势减弱,外围新梢生长量减少,主枝后部易光秃,骨干枝先端下垂枯死,结果枝组衰弱而失去结果能力,果个小,品质差,产量低。因此,必须进行更新复壮,恢复树势,以延长盛果年限。更新复壮的首要措施是加强土肥水管理,促使根系更新,提高根系活力,在此基础上通过修剪调节。

　　此期的主要任务是增强树体的生长势,更新复壮骨干枝和结果枝组,延缓骨干枝的衰老死亡。梨树的潜伏芽寿命很长,通过重剪刺激,可以萌发较多的新枝用来重建骨干枝和结果枝组。修剪时将所有主枝和侧枝全部回缩到壮枝壮芽处,结果枝去弱留壮,集中养分。衰老程度较轻时,可以回缩到2~3年生部位,选留生长直立、健壮的枝条作为延长枝,促使后部复壮;严重衰老时加重回缩,刺激隐芽萌发徒长枝,一部分连续中短截,扩大树冠,培养骨干枝,另外一部分截、缓并用,培养成新的结果枝组。一般经过3~5年的调整,即可恢复树势,提高产量。

(五)不同品种树的修剪特点

1. 鸭梨

鸭梨幼树生长健壮,树姿开张,进入结果年龄较早,一般4~5年开始结果,盛果期后产量容易下降。鸭梨萌芽率高,成枝力弱。长枝短截后萌发1~2个长枝,其余基本为短枝;经过缓放后,侧芽大部分能形成短枝,并容易成花结果。短果枝连续结果能力强,易形成短果枝群,短果枝群寿命长,结果稳定,是鸭梨的主要结果部位,应注意适当回缩复壮。

树形依据栽植密度确定,稀植条件下适宜的树形为主干疏层形或多主枝自然形,密植园可采用纺锤形。幼树期尽量少疏枝或不疏枝,对选留的骨干枝多短截,促使快速扩大树冠;其他枝条可以全部缓放,一般第二年就可以结果,也可以多截少疏,抚养树体,以后再缓放结果。盛果期以前,多缓放中枝培养结果枝组。进入盛果期以后,对结果枝成串的枝条适当回缩,集中养分。结果枝及短果枝群注意及时更新,每年去弱留强、去密留稀,剪除过多的花芽,留足预备枝。鸭梨成年树生长势弱,丰产性又强,要加强土肥水管理,保持健壮树势,要保持树上有一定比例的长枝,主枝延长枝生长量在 40～50 厘米,长枝少则果个小,因此,成年鸭梨树的长枝要多截、不疏。鸭梨果枝成长容易,坐果率高,控制负载量非常重要,过度结果,会造成大小年结果,因此,控制花量和过多结果,是此期修剪的主要任务。鸭梨具有较强的更新能力,老梨树更新可取得较好的效果。

由于鸭梨成枝力弱,在幼树期要用主枝延长枝剪留旁芽的方法促生分枝,适当增加短截的比例,刺激中长枝的形成。进入结果期后,每年适当短截一部分外围枝,以促进中长枝的形成,保持中长枝一定比例,以便维持生长势,稳定结果。

密植园的修剪主要是控制树高,树冠大小应控制为株间交接量少于 10%,行间留有足够的作业空间。合理调节大中型结果枝的密度。大中型枝所占的比例宜小,大体应控制在总枝量的 20% 以内。鸭梨容易形成小枝,在修剪时应注意培养大中型枝组。鸭梨干性强,中干过强抑制基部枝的生长,不利产量和品质的提高,可通过中干多留花果消耗中干内贮存的养分,缓和中干的长势。

2.酥梨

酥梨树势中庸,干性强,树姿直立;枝条分枝角度较小,幼树树冠直立,萌芽率高,成枝力中等。发育枝短截后剪口下萌发1～3个长枝,下部形成少量中枝,大多为短枝。发育枝缓放,顶端萌生少数长枝,下部形成大量短枝。副芽易萌发生枝,有利于枝条更新。

酥梨一般4～6年生开始结果,早期产量增长缓慢,常采用疏散分层开心形。但要避免中心枝生长过旺,各主枝开张角度应循序渐进,不宜一次开张过大。主枝延长枝宜轻剪,主枝上要多留枝,一般少疏或不疏枝,以增加主枝的生长量,避免中心干过强。对于中心干过强的树,改为延迟开心形,以短果枝结果为主,有少量中果枝和长果枝结果。果台枝多数萌发一个枝,有的比较长,不易形成短果枝群。果台枝短截以长度而定,短于20厘米的果台枝一般只保留2个叶芽短截,20～35厘米的强果台枝留3个叶芽,35厘米以上特强的果台枝按发育枝处理。短果枝寿命中等,结果部位外移较快。果枝连年结果能力弱。新果枝结果好,衰弱的多年生短果枝或短果枝群坐果率低,应及时更新复壮。小枝组修剪反应敏感,宜复壮。

酥梨修剪整体上要维持树势均衡,树冠圆满紧凑,主从分明,通风透光,上层骨干枝组要明显短于下层骨干枝,从属枝为主导枝条让路,同层骨干枝的生长势头应基本一致。使花芽枝和叶芽枝有一个适当的比例,一般为1:2～1:4,徒长枝过密时去强留弱,去直留斜,甩放至次年成花。短枝在营养充足的条件下,易转化为中、长枝,容易转旺,常使整形初期的侧枝与辅养枝不分明。树体进入盛果期,应适当缩减辅养枝和结果枝组,使之与侧枝逐渐分明。短果枝组成的枝组不用疏枝,大、中型结果枝组过大时可缩剪,以增强后部枝组的生长势,旺树的中、长枝应多甩放,待形成花芽后回缩更新。对上强枝齐花回剪,换弱头;对下弱枝从基部饱满芽处重短截,增强生长势。对基部主枝生长势不均衡的树可采用强主枝齐花剪,细弱枝从顶部饱满芽处重截的办法,促使各主枝生长势逐步均衡。

3. 茌梨

茌梨生长势强,长枝短截能抽生 2～3 个长枝,其余多为中枝,短枝很少;缓放也多抽生中枝,只在基部萌发少量短枝。幼树干性强,生长直立,主枝角度小,但成龄后主枝角度容易过度自然开张,可多采用背上枝换头的方法来抬高角度。

幼树期以短果枝结果为主,成龄后长、中、短果枝均可结果,腋花芽较多且结果能力较强。茌梨不易形成紧凑的短果枝群,结果部位容易外移,但隐芽萌发能力强,短截容易发枝,可对结果枝进行放、缩结合修剪,稳定结果部位。

适宜树形为二层开心形。定植后先按主干疏层形整枝,多留主枝,以后再逐渐调整成二层开心形。幼树主枝保持 40°～50°,延长枝第一年轻打头,第二年回缩到适宜的分枝处,以增加枝条尖削度,促使骨架牢固。

茌梨的结果枝组更新容易,对大、中型结果枝组不要急于回缩,可在空间允许的情况下任其自然扩大,到枝组后部出现光秃时再回缩更新,萌发的新枝很容易结果。茌梨幼树、成龄树对修剪反应均敏感,剪重了,全树冒条,旺长;剪轻了,易出现光秃现象。幼龄树修剪以轻为主,以疏为主,不可强调整形而强行修剪;大树花芽多时,修剪宜稍重,但不宜枝枝重剪,直立强旺的去强枝留中庸枝,生长弱的要回缩复壮。果枝花芽成串时,要短截以提高坐果率,而大树修剪过重,仍有全树返旺的可能。茌梨修剪适度标准是少跑条,不光腿。茌梨隐芽易萌发。另外,茌梨在梨树中是喜光性较强的品种,自然生长枝叶较稀,光照较好。

4. 栖霞大香水梨

大香水梨萌芽率高,成枝力强。长枝短截能抽生3~4个长枝,其余为中、短枝;缓放后下部多发生短枝,分枝角度较大,树冠较开张。

幼树期长、中、短果枝都能结果,进入盛果期后以短果枝和短果枝群结果为主,短果枝群分枝多而紧凑,寿命长,结果部位稳定。

适宜树形为主干疏层形。由于成枝力强,分枝角度大,因而主、侧枝的选留与培养比较容易。要注意加大一、二层间的距离,培养好三层主枝后即落头开心。修剪时根据空间大小,利用中、长枝培养结果枝组。进入盛果期后,注意短果枝群和结果枝组的更新。结果大树枝干较软,枝叶量大,丰产,下层骨干枝易下垂而过度开张,要注意疏除中央领导干第一层和第二层间的大的辅养枝,控制 2～3 层枝的枝叶量,使第一层主枝受光条件好,角度过大抬高角度;下层枝细弱的,要从上层疏枝来解决;下层枝的修剪,只宜用修剪法,而不宜用堵截;下层枝要加重疏果,减少负载量。利用中枝甩放,形成串花枝,留 3～4 个短枝花芽回缩,结果后抽生的果台枝多且细弱,要注意疏剪。注意香水梨的隐芽萌发力较差,回缩不能过急,否则容易引起枝条死亡,应当在培养好预备枝后再回缩。

5.砂梨

丰水、晚三吉、幸水、二十世纪、新高等品种都属于砂梨系统,具有共同的修剪特点。幼树生长较旺,树姿直立,萌芽率高,成枝力弱。长枝短截萌发 1～2 个长枝和 1～2 个中枝,其余均为短枝。以短果枝和短果枝群结果为主,连续结果能力强,中、长果枝及腋花芽较少。

由于成枝力低,骨干枝选留困难,因此,不必强求树形,可采用多主枝自然圆头形、改良疏散分层形、自由纺锤形和改良纺锤形等。幼树期多留主枝,多短截促发枝条,到盛果期后再逐步清理,调整结构。修剪时要少疏多截,直立旺枝拉平利用,培养枝组。在各级骨干枝上均应培养短果枝群,并且每年更新复壮,疏除其中的弱枝弱芽,多留辅养枝。对树冠中隐芽萌生的枝条注意保护,培养利用。

幼树树形宜采用自由纺锤形和改良纺锤形。定干后,对发出的枝条进行摘心,促发分枝。秋季枝条拿枝开角。当年冬剪时根据树形要求,疏除竞争枝、徒长枝、背上枝、交叉枝,中干适当短截,其余枝尽量轻截或缓放,以增加枝叶量。对结果枝组的培养,应采取先放后缩的方法。进入盛果期应注意对枝组及时更新和利用幼龄果枝结果,以保持健旺的树势。大树高接宜采用开心形,改接后前两年轻剪缓放,一般不疏不截,以利于快速恢复树冠,实现早期丰产。修剪以生长期为主,休眠期为辅。生长期主要进行夏季修剪;休眠期以疏枝为主,调整树形。

6.西洋梨

西洋梨幼树生长旺盛,枝条直立,但成龄后骨干枝较软,结果后容易下垂,树形紊乱不紧凑。萌芽率和成枝力都比较强,长枝短截后抽生 3～5 个长枝,其余多为中枝,短枝较少。枝条需连续缓放 2～3 年才能形成短果枝。以短果枝和短果枝群结果为主,连续结果能力强,短果枝群寿命长,更新容易。

适宜树形为主干疏层形,可适当多留主枝。除骨干枝延长头外,其余枝条一律缓放,不短截,等缓出分枝,成花后再回缩,培养成结果枝组。结果后骨干枝头易下垂,可将背上旺枝培养成新的枝头,代替原头。对主干一般不要换头或落头,主枝更新时要先培养好更新枝,然后再回缩。西洋梨枝组形成的两个途径:一种是短果枝结果后抽生短枝,再成长结果,形成短果枝群;二是中庸枝缓放成花,回缩后形成中、小结果枝组;小年时可利用腋花芽结果;短果枝群形成鸡爪状,要不断疏剪,保持短枝叶长大,芽子饱满。西洋梨主枝不稳定,结果期过度开张下垂的,要用背上斜生枝替代原主枝,抬高主枝角度,增强生长势。主枝角度过大时,要控制内膛徒长枝。枝组宜选在骨干枝两侧,一般不用背上枝组。西洋梨丰产性好,成花容易,坐果率也高,成龄树易衰弱,枝干病害加重,应加强土肥水管理和疏花疏果。大年时,仅用健壮短果枝结果,留单果。

7. 黄金梨

黄金梨与砂梨系统其他品种相比,幼树生长缓慢,修剪越重,生长量越小,影响树体的生长和早期产量的形成,直至延迟进入盛果期;与白梨系统相比,树冠小,寿命也短。

黄金梨萌芽率高,成枝力低。长枝缓放,除基部盲节以外,绝大部分芽易萌发。萌发后,大多形成短枝和短果枝,中枝或中、长果枝较少;枝条短截后,多发生 2～3 个长枝。易成花,结果早,栽后第二年,在中、长枝上形成较多的腋花芽,也有少量的中、短果枝,幼树期可充分利用腋花芽结果习性,增加早期产量。第三年进入初果期,5～6年生进入盛果期。

幼树枝条直立性强,易出现上强下弱、外强内弱以及背上强、背下弱现象。修剪越重,角度越直立,因此,三年生以前幼树修剪时,宜采用轻剪或缓放延长枝的方法,促进树冠开张,促进营养生长向生殖生长的转化。同时,修剪时要抑强扶弱,解决好干强主弱和主强侧弱的问题。

黄金梨低龄结果枝坐果率高,个大质优,三年生以上果枝所结果实个小质差,修剪时,应采取经常更新结果枝的方法,复壮其结果能力;与白梨系统相比,黄金梨中、短枝转化力弱,但由长枝分化为中、短枝的能力较强,中短枝结果后经多年抽枝结果,而形成短果枝群。

总之,黄金梨修剪总的原则是强枝重剪,少留枝,延长枝中短截;重疏、少留外围枝,开张其角度,多留果;弱枝应轻剪,多留枝,延长枝轻短截或缓放,注意抬高骨干枝角度。

(六)不同类型树的修剪特点

1.放任树

多年放任不剪的梨树大枝多而密生,无主次之分,内膛枝直立、细弱、交叉混乱,光照条件差,结果枝组少而寿命短。对放任树的修剪,应本着"因树制宜、随枝做形、因势利导、多年完成"的原则进行改造,不要强求树形,大拉大砍,急于求成。首先从现有大枝中选定永久性骨干枝,逐年疏除多余大枝,对可以保留的大枝开张角度,削弱长势,辅养树体并促进结果。然后在保留的骨干枝上选择培养侧枝和各类结果枝组。对生长较旺的一年生枝,选位置好、方位正、有生长空间的,从饱满芽处剪,对留下的背后枝、斜生枝,可选作侧枝和为培养中、大型结果枝组作准备;另一部分一年生枝甩放不剪,结果后回缩培养中、小型枝组,背上过密的一年生枝疏除或夏季拿枝结果。对小枝进行细致修剪,去弱留强,适当回缩。树冠过高时落头开心,清理外围密挤枝、竞争枝,调整枝条分布范围及从属关系,做到层次分明,通风透光。对过密的短果枝群,疏密留稀,疏弱留强,结果适量。

2.大小年树

梨树进入盛果期后,留果过多或肥水供应不足,易出现大小年结果现象。防止和克服大小年的措施,一是加强土肥水管理,二是通过修剪进行调整。

(1)大年树的修剪:主要是控制花果数量,留足预备枝。适当疏除短果枝群上过多的花芽,并适当缩剪花量过多的结果枝组。对具有花芽的中、长果枝,可采取打头去花的办法,促使翌年形成花芽;对长势中庸健壮的中、长营养枝,可以缓放不剪,使其形成花芽在小年时结果;对长势较弱的结果枝组,可采用去弱、疏密、留强的剪法进行复壮,但修剪时应注意选留壮芽和部位较高的带头枝;对过多、过密的辅养枝和大型结果枝组,也可利用大年花多的机会适当进行疏剪。

(2)小年树的修剪:要尽量多留花芽,少留预备枝,以保证小年的产量。同时缩剪枝组,控制花芽数量。对长势健壮的一年生枝,可选留1～2个饱满芽进行重短截,促生新枝,加强营养生长,以减少大年花量;对后部分枝有花、前部分枝无花的结果枝组,可在有花的分枝以上处进行缩剪;对前后都没有花的结果枝组上的分枝,可多短截、少缓放,以减少翌年的花量,使大年结果不至过多。

3. 失衡树

梨树顶端优势明显,上部枝条长势较强,选用剪口下第一枝带头,其余侧枝不及时进行疏剪。树冠下部和骨干枝基部不具备顶端优势,长势较弱,成花较易,易造成上强下弱,若不及时调整,基部枝条就会因衰弱而枯死。

调整上强下弱的方法是回缩上部长势强旺的大、中枝条,减少树冠上部的总枝量,对保留下来的树冠上部大枝上的一年生枝,可疏除强旺枝,缓放平斜枝,结果后再根据不同情况分别进行处理。疏除部分强旺枝,可拉倒缓和长势,促其结果。对保留在树冠上部的强旺枝,可适当多留些花果,以削弱其长势。同时,还可通过夏季修剪适当予以控制。

调整外强内弱的方法,可抑前促后,即对先端枝头进行回缩,以减少先端枝量。选用长势中庸、生长平斜的侧生枝代替原枝头。对枝头附近的一年生枝缓放不截,后部枝条多留、少疏,或多短截、少缓放,以促生新枝,增加后部枝量。同时,还应注意在前端多留花果,后部少留,逐年调整,直至内外长势平衡。

4.郁闭园

良好的树体结构,不仅要控制树高,保持行间距,而且叶幕层不能太厚,才可保证树体通风透光。若对中央领导干上骨干枝以外的大、中枝控制不当,或主、侧枝的背上枝放任生长,或枝组过大、过密,就会造成树冠郁闭,内膛光照差。

解决的办法是:首先,及时回缩或疏除中央领导干上骨干枝以外大、中枝和主、侧枝背上过密的多年生直立大型枝组,以保持一定的叶幕间距,大枝应分批疏除,每年疏除1~2个,采收后疏除大枝是最佳时期;其次,及时疏除或回缩冠内交叉、重叠、并生的密挤枝或枝组,压缩过大的枝组;第三,对骨干枝背上的一年生直立旺枝和徒长枝,在结果期一般均应疏除,盛果期后,在较有空间的位置,可改变角度培养成枝组;对长势中庸或细弱的一年生枝,可根据空间大小或疏除或缓放后,培养成结果枝组。

七、花果管理

(一)保花保果,提高坐果率

梨树落花比较严重,有时可达 80% 左右。落花一般在开花后 10 天内发生,主要是授粉受精不良。梨树多数品种没有自花结果能力,必须有适宜的授粉品种为其授粉才能结果。当授粉品种不适宜、授粉树数量不足,或花期气候异常而影响授粉昆虫的活动时,就不能很好地授粉受精,从而引起落花。树体营养不良、花芽瘦弱和晚霜冻花也是落花的原因之一。防止落花的主要措施是满足授粉受精条件,如选择适宜的授粉品种、配置足够的授粉树、成龄园改接授粉品种、花期放蜂、人工授粉等。

落果一般在开花后 30～40 天发生,主要是树体营养不良引起的。梨树开花坐果期是消耗营养最多的时期。旺树营养物质主要供应树体生长,弱树本身营养不足,因而树体生长过旺或过弱都会造成营养不良而引起落果。

此外,天气干旱、病虫害等也会引起落果。防止落果的主要措施是增加树体营养贮备,减少萌芽、开花、坐果和新梢生长的养分消耗,早施基肥,及时追肥,合理负载。

另外,梨树也有采前落果的现象,主要原因是品种特性、病虫危害、负载量过大,或者树势过旺过弱、大风等。生产中要注意适当留果、分期采收、加强防护等。

1. 保花保果

(1)人工授粉:人工授粉是指通过人为的方式,把授粉品种的花粉传递到主栽品种花的柱头上,其中最有效、最可靠的方法是人工点授。人工授粉不仅可以提果坐果率,而且可使果实发育良好,果个大而整齐,从而提高产量与品质。因此,即使在有足够授粉树的情况下,仍然要大力推行人工授粉,目前,人工授粉已成为梨产区必备的栽培技术之一。

①采花。在主栽品种开花前 2～3 天,选择适宜的授粉品种,采集含苞待放的铃铛花。此时花药已经成熟,发芽率高,花瓣尚未张开,操作方便,出粉量大。采集的花朵放在干净的小篮中,也可用布兜盛装,带回室内取粉。花朵要随采随用,勿久放,以防止花药僵干,花粉失去活力。另外,采花时注意不要影响授粉树的产量,可按照疏花的要求进行。

采集花朵时要根据授粉面积和授粉品种的花朵出粉率来确定适宜的采花量。梨树不同品种的花朵出粉率有很大差别。山东昌潍农业学校研究测定了 19 个梨品种的鲜花出粉率,其中以雪花梨出粉量最大,每 100 朵鲜花可出干花粉 0.845 克(带干的花药壳,下同),晚三吉最低,100 朵鲜花仅出干花粉 0.36 克,尚不足雪花梨的一半。按出粉量的多少进行排列,出粉多的品种有雪花梨、黄县长把梨、博山池梨、金花梨和明月梨等,出粉量少的品种有巴梨、黄花梨、晚三吉梨和伏茄梨等,杭青梨、栖霞大香水梨、博多青、砀山酥梨、槎子梨、香花梨、锦丰梨、早酥梨、苍溪梨和鸭梨等出粉量居中。总之,白梨系统的品种花朵出粉率较高,新疆梨、秋子梨和杂种梨的品种花朵出粉率较低,砂梨系统的品种居中。

②取粉。鲜花采回后立即取花药。在桌面上铺一张光滑的纸,两手各拿一朵花,花心相对,轻轻揉搓,使花药脱落,接在纸上,然后去除花瓣和花丝等杂物,准备取粉。也可利用打花机将花擦碎,再筛出花药,一般每千克梨树鲜花可采鲜花药 130～150 克,干燥后出带花药壳的干花粉 30～40 克。生产经验表明,15 克带花药壳的干花粉(或 5 克纯花粉)可供生产 3 000 千克梨果的花朵授粉。

取粉方法有三种。一种是阴干取粉,也叫晾粉。将鲜花药均匀地摊在光滑干净的纸上,在通风良好、室温 20～25℃、相对湿度 50%～70% 的房间内阴干,避免阳光直射,每天翻动 2～3 次,一般经过 1～2 天花药即可自行开裂,散出黄色的花粉。

另一种方法是火炕增温取粉。在火炕上面铺上厚纸板等,然后放上光滑洁净的纸,将花药均匀地摊在上面,并放上一支温度计,保持温度在 20~25℃,一般 24 小时左右即可散粉。

第三种方法是温箱取粉。找一个纸箱或木箱,在箱底铺一张光洁的纸,摊上花粉,放上温度计,上方悬挂一个 60~100 瓦的灯泡,调整灯泡高度,使箱底温度保持在 20~25℃,一般经 24 小时左右即可散出花粉。

干燥好的花粉连同花药壳一起收集在干燥的玻璃瓶中,放在阴凉干燥处备用。当取粉量很大时,也可以筛去花药壳,只留花粉,以便保存。保存于干燥容器内,并在 2~8℃ 的低温黑暗环境中。

③授粉。梨花开放当天授粉坐果率最高,要在有 25% 的花开放时抓紧时间开始授粉。据试验证明,八核胚囊于花果开放时才成熟,开放 6~7 小时后柱头出现黏液,并可保持 30 小时左右。因此,开花当天或次日授粉效果最好,花朵坐果率在 80%~90%;4~5 天后授粉,坐果率为 30%~50%;开花以后 6 天再授粉,坐果率不足 15%。授粉要在上午 9 点至下午 4 点之间进行,上午 9 点之前露水未干,不宜授粉。另据林真二(1956)研究,授粉后 2 小时,部分花粉管进入花柱,降雨不影响授粉效果,但在 2 小时内降雨,不仅流失部分花(20%~50%),还会使花粉粒破裂,丧失发芽力,应重新授粉。同时要注意分期授粉,一般整个花期授粉 2~3 次效果比较好。

授粉方法有三种。一种是点授。用旧报纸卷成铅笔粗细的硬纸棒，一端磨细成削好的铅笔样，用来蘸取花粉。也可以用毛笔或橡皮头蘸取花粉。花粉装在干燥洁净的玻璃小瓶内，授粉时将蘸有花粉的纸棒向初开的花心轻轻一点即可。一次蘸粉可以点授3～5朵花。一般每花序授1～2朵边花，优选粗壮的短果枝花授粉。剩余的花粉如果结块，可带回室内晾干散开再用。人工点授可以使坐果率达到90%以上，并且果实大小均匀，品质好。

第二种方法是花粉袋撒粉。将花粉与50倍的滑石粉或者地瓜面混合均匀，装在两层纱布做成的袋中，绑在长竿上，在树冠上方轻轻振动，使花粉均匀落下。

第三种方法是液体授粉。将花粉过筛，筛去花药壳等杂物，然后按每千克水加花粉2.0～2.5克、糖50克、硼砂1克、尿素3克的比例配制成花粉悬浮液，用超低量喷雾器对花心喷雾。注意花粉悬浮液要随配随用，在1～2小时内喷完。喷雾授粉的坐果率可达到60%以上，如果与0.002%的赤霉素混合喷雾则效果更好，喷布时期以全树有50%～60%花朵刚开花时为宜，结果大树每株喷150～250克即可。

④注意事项：为保持花粉良好的生活力，制粉过程中要注意防止高温伤害，避免阳光直射，干好的花粉要放在阴凉干燥处保存；天气不良时，要突击点授，加大授粉量和授粉次数，以提高授粉效果。

(2)果园放蜂：果园花期放蜂，可以大大提高授粉功效,是一种省时、省力、经济、高效的授粉方法。

果园放蜂要在开花前 2～3 天将蜂箱放入果园,使蜜蜂熟悉果园环境。一般每箱蜂可以满足 1 公顷果园授粉。蜂箱要放在果园中心地带,使蜂群均匀地散飞在果园中。山东威海等地引入角额壁蜂,授粉能力是普通蜜蜂的 70～80 倍,每公顷果园仅需 900～1 200 头即可满足需要。

果园放蜂要注意花前及花期不要喷洒农药,以免引起蜜蜂中毒,造成损失。

(3)花期防冻:虽然梨树休眠期抗寒性比较强,但在花期前后耐寒力比较差。茌梨在花序分离期若遇到一5℃的低温,可有 15%～25% 的花受冻。茌梨边花各物候期受冻的临界温度分别为:现蕾期-5℃,花序分离期-3.5℃,开花前 1～2 天-2～-1.5℃,开花当天-1.5℃。鸭梨比茌梨抗冻性稍强,各物候期受冻的临界温度比茌梨低 0.3～0.5℃。我国北方地区梨树开花多在终霜期之前,很容易发生花期冻害,造成减产甚至绝产。因此,搞好花期防冻十分重要。

为防止冻害,建园时要避开风口及低洼地势;生产中加强管理,使树体生长健壮,提高抗冻能力;在预报发生霜冻以前,果园灌水,可延迟开花期,避开霜冻。霜冻发生时,可以在梨园点火熏烟,即在园内用柴草、锯末等做成发烟堆,当凌晨 3 点左右气温降至 0℃时点火生烟,可使气温提高 1～2℃,减轻冻害。另外,树干涂白或喷布

0.025%~0.05%萘乙酸钾盐溶液,对防止和减轻冻害均有较好的效果。

发生冻害后,要认真进行人工授粉,保证未受冻或受冻轻微的花能够开花坐果,尽量减少产量损失。也可以喷布0.005%~0.01%赤霉素溶液来提高坐果率,或者喷布0.003 5%~0.005 0%的吲哚乙酸溶液以诱发单性结实。

2. 提高坐果率

适宜的坐果数量是梨树获得丰产稳产的首要条件。坐果率的高低与树体长势、花期授粉情况以及环境条件有密切的关系。不同的果园、不同的年份,引起落花落果的原因不同,必须具体分析,针对主要原因采取相应的措施。

(1)加强梨园综合管理水平:提高树体贮备营养水平,改善花器官的发育状况,调节花、果与新梢生长的关系,是提高坐果率的根本途径。梨树花量大,花期集中,萌芽、展叶、开花、坐果需要消耗大量的贮备营养。生产中应重视后期管理,早施基肥;保护叶片,延长叶片功能;改善树体光照条件,促进光合作用,从而提高树体贮备营养水平。同时通过修剪去除密挤、细弱枝条,控制花芽数量,集中营养,保证供应,以满足果实生长发育及花芽分化的需要。

(2)及时灌水:萌芽前及时灌水,并追施速效氮肥,补充前期对氮素的消耗。

（3）合理配置授粉树：建园时，授粉品种与主栽品种比例一般为 1：4～1：5。成龄果园授粉树数量不足时，可以采用高接换头的方法改换授粉品种；花期采用人工授粉、果园放蜂等措施，均可显著提高坐果率。

（4）花期喷布微肥或激素：在 30％左右的梨花开放时，喷布 0.3％的硼砂，可有效地促进花粉粒的萌发；喷 1％～2％的糖水，可引诱蜜蜂等昆虫，提高授粉效率；喷布 0.3％的尿素，可以提高树体的光合效能，增加养分供应。另外，据莱阳农学院试验，花期喷布 0.002％的赤霉素或 100～200 倍食醋，对提高茌梨坐果率有较好的效果。

（二）疏花疏果与合理负载

合理疏花疏果，可以节省大量养分，使树体负载合理，维持健壮树势，提高果品质量，防止大小年结果，保证丰产、稳产。

1.适宜的留果标准

适宜的留果量，既要保证当年产量，又不能影响下一年的花量；既要充分发挥生产潜力，又能使树体有一定的营养贮备。留花留果的标准应根据品种、树龄、管理水平及品质要求来确定。一般有以下几种方法。

（1）根据干截面积确定留花留果量：树体的负载能力

与其树干粗度密切相关。树干越粗表明地上、地下物质交换量越多,可承担的产量也越高。山东农业大学研究表明,梨树每平方厘米干截面积负担4个梨果,不仅能够实现丰产稳产,并能够保持树体健壮。按干截面积确定梨树的适宜留花、留果量的公式为:

$$Y = 4 \times 0.08C^2 \times A$$

其中,Y指单株合理留花、果数量(个);C指树干距地面20厘米处的干周(厘米);A为保险系数,以花定果时取1.20,即多保留20%的花量,疏果时取1.05,即多保留5%的幼果。

表8 梨树不同干周下的适宜留花留果量

干周(厘米)	留花量(个)	留果量(个)
10	38	34
15	86	76
20	154	134
25	240	210
30	346	302
35	470	412
40	614	538
45	778	680
50	960	840
…	…	…

使用时,只要测量出距地面20厘米处的干周,带入公式即可计算出该单株适宜的留花、留果个数。如某株

梨树干周为 40 厘米,合理的留花量＝4×0.08×402×
1.20＝614.4≈614(个),合理留果量＝4×0.08×402×
1.05＝537.6≈538(个)。

为了使用方便,可以事先按公式计算出不同干周的
留花、留果量标准,制成表格,使用时量干周查表即可
(表8)。

(2)依主枝截面积确定留花留果量:依主干截面积确
定留花留果量,在幼树上容易做到。但在成龄大树上,总
负载量如何在各主枝上均衡分配难以掌握。为此,可以
根据大枝或结果枝组的枝轴粗度确定负载量。计算公式
与上述相同。

(3)"间距法"疏花疏果:按果实之间彼此间隔的距离
大小确定留花留果量,是一种经验方法,应用比较方便。
一般中型果品种如鸭梨、香水梨和黄县长把梨等品种的
留果间距为 20～25 厘米,大型果品种间距适当加大,小
型果品种可略小。

2.疏花疏果

梨树的开花坐果期是消耗营养最多的时期,从节省
营养的角度看,疏花疏果的时间越早,效果越好,所以疏
果不如疏花,疏花不如疏芽。

(1)疏芽:修剪时疏除部分花芽,调整结果枝与营养
枝的比例在 1∶3.5 左右,每个果实占有 15～20 片叶片
比较适宜。

（2）疏花：疏花时间要尽量提前，一般在花序分离期即开始进行，至开花前完成。按照确定的负载量选留花序，多余花序全部疏除。疏花时要先上后下，先内后外，先去掉弱枝花、腋花及梢头花，多留短枝花。待开花时，再按每花序保留 2～3 朵发育良好的边花，疏除其他花朵。经常遭受晚霜危害的地区，要在晚霜过后再疏花。

（3）疏果：疏果也是越早越好，一般在花后 10 天开始，20 天内完成。一般品种每个花序保留 1 个果，花少的年份或旺树旺枝可以适当留双果，疏除多余幼果。树势过弱时适当早疏少留，过旺树适当晚疏多留。

如果前期疏花疏果时留果量过大，到后期明显看出负载过量时，要进行后期疏果。后期疏果虽然比早疏果效果差，但相对不疏果来讲，不仅不会降低产量，相反能够提高产量与品质，增加效益。

另外，留果量是否合适，要看采收时果实的平均单果重与本品种应有的标准单果重是否一致。如果二者接近，说明留果量比较适宜；如果平均单果重明显小于标准单果重，则表明留果量偏大，翌年要适当减少；相反，翌年要加大留果量。

（三）梨果套袋栽培

1.果实套袋的效果

梨果实套袋能够显著提高果实外观质量，预防或防止大量病虫的危害；降低果实农药残留量，生产绿色果品，提高梨果商品价值，从而增加果农收入，产生巨大经济效益、社会效益和生态效益。这一技术的推广应用，已经成为当前高档梨果生产中的一项重要措施之一。梨果套袋主要有以下几个方面的效果。

（1）果面光洁，果实美观，提高优质果率：果实在袋内微域环境生长发育，大大减少了叶绿素的生成，改变了果面颜色，增加了美感，提高了商品价值。青皮梨如我国的大部分梨品种、日本的二十世纪梨、新世纪等套袋果呈现浅黄色或浅黄绿色，贮后金黄色，色泽淡雅；褐皮梨如丰水、幸水、新高等可由黑褐色转为浅褐色或红褐色；红皮梨如红香酥、八月红以及红色西洋梨呈现鲜红色。

梨幼果期套上纸袋后，果实长期保护在袋内生长，避免了风、雨、强光、农药、灰尘等对果面的刺激，减少了果面枝叶磨斑、煤污斑、药斑，因而套袋果果面光滑洁净。套袋后延缓和抑制了果点、锈斑的形成，果点小、少、浅，基本无锈斑生成，同时蜡质层分布均匀，果皮细腻有光泽。对于外观品质差、果点大而密的茌梨品种群、锦丰梨效果尤为明显。

梨果套袋栽培是一项高度集约化、规范化的生产技术，套袋前必须保证授粉受精良好，严格疏花疏果，合理负载，疏除梢头果、残次果以及多余幼果，按负载量留好果套袋。因此，管理水平高的梨园，套袋果基本都能长成完美无缺的商品果，次果极少。此外，套袋后可防轻微雹伤,有利于分期分批采收,在延迟采收的情况下还可防止鸟类、大金龟子、大蜂等危害果实。

(2)减少果实的病虫害,降低农药残留量:梨果实套袋起初的目的是为了防止药剂不易防治的果实病虫害,经生产实践,套袋后可有效地防治或避免梨黑斑病、黑星病、轮纹病、炭疽病等果实病害的发生,以及梨食心虫类、蛀果蛾、吸果夜蛾、梨虎、蝽象等果实虫害,防虫果实袋还具有防治梨黄粉虫、康氏粉蚧等入袋害虫的作用。因此,套袋后可减少打药次数 2~4 次,降低病虫果率,并且大大提高商品果率。

果实套袋后由于不直接接触农药,加之打药次数的减少,因此果实农药残留量降低,基本能达到生产无公害果品的要求。据测定,不套袋果农药残留量可达 0.23 毫克/千克,套袋果仅为 0.045 毫克/千克。

(3)增强果实耐贮性能:果皮结构对果实贮藏性能有重要影响。果实散失水分主要通过皮孔和角质层裂缝,而角质层则是气体交换的主要通道。角质层过厚则果实气体交换不良,二氧化碳、乙醛、乙醇等积累而发生褐变;过薄则果实代谢旺盛,抗病性下降。张华云等也认为,具封闭型皮孔的梨品种贮藏过程中失重率较低,而具开放型皮孔的梨失重率较高,且失重率与皮孔覆盖值呈极显著正相关,过厚的角质层和过小的胞间隙率,可能是莱阳茌梨和鸭梨果心易褐变的内在因素之一。套袋后皮孔覆盖值降低,角质层分布均匀一致,果实不易失水、褐变,果实硬度增加,淀粉比率高,贮藏过程中呼吸后熟缓慢,同时套袋减少了病虫侵染,贮藏病害也相应减少,显著提高果实的贮藏性能。

果实套袋后避免了病虫侵入果实和果实表面的病菌、虫卵,大大减轻了轮纹病、黑星病、黑斑病等贮藏期病害的发生。梨果可带袋采收,这样就减少了机械伤,同时由于果面洁净,带入箱内、库内的杂菌数量也相应减少,这也是贮藏期病害少的原因之一。有试验表明,套袋鸭梨果实在入库后急剧降温的情况下前期黑心病的发病几率明显低于不套袋果。另外,套袋果失水少,不皱皮,淀粉比率高,呼吸后熟缓慢,因此成为气调冷藏的首选果实。

某些梨品种如莱阳茌梨、鸭梨等在低温贮藏过程中易发生果心和果肉的组织褐变,大量研究表明,这与果实中的简单酚类物质含量有关,在PPO的催化下酚类物质氧化为醌,醌可以通过聚合作用产生有色物质从而引起组织褐变。套袋后果实简单酚类物质及PPO含量均下降,从而减轻了贮藏过程中的组织褐变现象。申连长等观察到套袋鸭梨贮藏过程中具有较强的抗急冷能力,张玉星等报道套袋后鸭梨果皮和果肉脂氧合酶(LOX)活性显著降低,并认为这可能是套袋鸭梨较耐贮藏的原因之一。但是,黄新忠等在黄花梨、杭青梨和新世纪梨上的套袋试验表明,套袋果果皮受机械伤及果实切开后果肉、果心极易发生褐变现象。

125

（4）预防鸟害和机械伤害：梨果套袋后可避免果实造成意外的伤害，如可减轻冰雹伤害；可预防由于违规操作喷洒农药而造成的药害；有利于果实的分期分批采收；在延迟采收的情况下还可防止鸟类、大金龟子、大蜂等危害果实；减轻日灼病的危害。

2. 梨果套袋作用机理

梨套袋果果面光洁，果点变小，颜色变浅，锈斑几乎不发生。梨果果点和锈斑的形成与果实酚类物质的代谢密切相关，套袋后袋内光线强度显著降低而且避免了外界不良环境条件对果皮的直接刺激，显著降低了酚类物质代谢的关键酶——多酚氧化酶（PPO）和过氧化物酶（POD）的活性，从而抑制和延缓了果点和锈斑的形成。另外，套袋对果皮颜色也有显著影响。果皮中叶绿素的合成必须有光照条件，套袋遮光后叶绿素合成大大减少，果实呈现浅黄绿色。对于红皮梨品种而言，由于叶绿素的减少而改变了红色色素的显色背景，有利于红色的显现，套袋果显得鲜艳美观。另外，由于袋内小环境的改善，套袋果果皮发育均匀和缓，果皮结构均匀一致，无大的裂隙，气孔完好，贮藏过程中失水减少，也有利于果实代谢过程中产生的有害气体的及时排出，增强果实的耐贮性能。套袋后袋内环境与外界环境相比最明显的是光线变弱，因此果袋的透光率和透光光谱对果实品质影响最大，是关系纸袋质量的最重要指标。纸袋的遮光性越强,套袋果果皮色泽越浅,果点和锈斑越浅、小、少,即套袋效果越显著(表9)。

表9 原纸色调及透光率对鸭梨果色和果点的影响

(刘晓海,1998)

原纸色调	透光率(%)	果面颜色		果点	
		采后	采后30天	深浅	分值①
黑	1~2	白	白	细小	10
报纸	10~20	黄白	浅黄白	较浅	8
红	10~12	黄白	浅黄白	较浅	7
黄褐(B型)	20~25	黄绿	浅黄	较浅	7
黄(A型)	35~40	浅绿	鲜黄	浅	5
白	80~90	绿	黄	较深	4
无袋	100	绿	深黄	粗深	1

注:①分值即果点深浅程度,按10分法评分,果点最浅者为10分。

套袋对梨果碳水化合物的积累产生不利的影响,根据纸袋的质量不同,可溶性固形物含量一般下降0.5%~1.0%。下降的原因可能与多种因素有关:与果皮本身的光合作用有关;套袋后果实所受逆境减弱,果实积累糖分下降;套袋可能抑制了光合产物向果实内的运输。

3.果实袋的构造及种类

(1)果实袋的构造:梨果实袋由袋口、袋切口、捆扎丝、丝口、袋体、袋底、通气放水口等七部分构成。袋切口位于袋口单面中间部位,宽4厘米,深1厘米,便于撑开纸袋,由此处套入果柄,利于套袋操作,便于使果实位于袋体中央部位。捆扎丝为长 2.5～3.0 厘米的 20 号细铁丝,用来捆扎袋口,能大大提高套袋效率。捆扎丝有横丝和竖丝两种,大部分梨袋为竖丝。通气放水口的大小一般为 0.5～1.0 厘米,它的作用是使袋内空气与外界连通,以避免袋内空气温度过高和湿度过大,对果实尤其是幼果的生长发育造成不利影响;另外,若袋口捆扎不严而雨水或药水进入袋内,可以由通气放水口流出。如果袋内温度高、湿度大,没有通气孔,果实下半部浸泡在雨水或药水中,非但不能达到套袋改善果实外观品质的效果,而且还会加重果点与锈斑的发生,影响果面蜡质的生成,甚至果皮开裂、果肉腐烂。

(2)果实袋的标准:纸质是决定果实袋质量的最重要因素之一,商品纸袋的用纸应为全木浆纸,而不是草浆纸,因为木浆纸机械强度比草浆纸大得多,经风吹、日晒、雨淋后不发脆、不变形、不破损。为防治果实病害和入袋害虫,纸袋用纸需经过物理、化学方法涂布杀虫、杀菌剂(特定杀虫、杀菌剂配方经定量涂布),在一定温度条件下产生短期雾化作用,抑制病、虫源进入袋内侵染果实或杀死进入袋内的病、虫源。套袋后对果实质量影响最大的是果袋的透光光谱和透光率,由纸袋用纸的颜色和层数决定。另外,纸袋用纸还影响袋内温、湿度状况,用纸透隙度好,外表面颜色浅,反射光较多的果袋袋内湿度小,温度不至过高或升温过快,减少对前期果实生长发育的不良影响。为有效增强果袋的抗雨水能力和减小袋内湿度,外袋和内袋均需用石蜡或防水胶处理。

商品袋是具有一定耐候性、透隙度及干、湿强度,一定的透光光谱和透光率及特定涂药配方的定型产品,具有遮光、防水、透气作用,袋内湿度不至过高,温度较为稳定,且具有防虫、杀菌作用。果实在袋内生长,且受到保护,避光、透气、防水、防虫、防病,大大提高果实的商品价值。有人甚至认为,套袋后减轻了光对生长素的破坏作用,果实生长较快,有增大果个的作用。

(3)果实袋种类的选择:合格的商品袋是经过果实袋专用原纸选择、专用制袋机、涂布分切机、专用粘合剂的研制等一系列工序制成的。梨果套袋技术发展到今天,果袋的种类很多,日本已开发出针对不同地区、不同品种的各种果实袋。按照果袋的层数可分为单层、双层两种。单层袋只有一层原纸,重量轻,有效防止风刮折断果柄,透光性相对较强,一般用于果皮颜色较浅,果点稀少且浅,不需着色的品种。双层纸袋有两层原纸,分内袋和外袋,遮光性能相对较强,用于果皮颜色较深以及红皮梨品种,防病的效果好于单层袋(表10)。按照果袋的大小有大袋和小袋之分。大袋规格为,宽140～170毫米,长170～200毫米,套袋后一直到果实采收;小袋亦称"防锈袋",规格一般为60毫米×90毫米或90毫米×120毫米,套袋时期比大袋早,坐果后即可进行套袋,可有效防止果点和锈斑的发生,当幼果体积增大,而小袋所容不下时即行解除(带捆扎丝小袋),带浆糊小袋不必除袋,随果实膨大自行撑破纸袋而脱落。小袋在绝大多数情况下用防水胶粘合,套袋效率高,但也有用捆扎丝的。黄金梨套袋用小袋与大袋结合使用,先套小袋,然后再套大袋至果实采收。

表 10　双层袋内袋为石蜡纸和非石蜡纸对果实品质的影响

（于绍夫等,2002）

果实性状	内袋为石蜡纸	内袋为非石蜡纸
大小	大	小
肉质	软	硬
果汁	多	少
含糖量	少	多
果皮	薄而软	厚而硬
果斑	少	多
光泽	多	少

按照果袋捆扎丝的位置可分为横丝和竖丝两种;若按涂布的杀虫、杀菌剂不同可分为防虫袋、杀菌袋及防虫杀菌袋三类。按袋口形状又可分为平口、凹形口及"V"形口几种,以套袋时便于捆扎、固定为原则。若按套用果实分类可分青皮梨果袋和赤梨果袋等,其他还有针对不同品种的果实袋以及着色袋、保洁袋、防鸟袋等。

日本研制的梨果实袋主要有:①二十世纪袋。双层袋,外层为 40～45 克打蜡(3.5～4.0 千克/令)条纹牛皮纸,内层为白色打蜡小绵纸,规格为 165 毫米×143 毫米,防虫、防菌。②赤梨袋。双层袋,外层为 40～45 克打蜡

（5千克/令）条纹牛皮纸,内层为淡黄色打蜡小绵纸,规格
为165毫米×143毫米,防虫、防菌。③洋梨袋。双层袋,
外层为纯白离水加工纸,内层为透明蜡纸,规格有142毫
米×172毫米和165毫米×195毫米两种,防虫、防菌。
④单层袋。45克打蜡条纹牛皮纸,规格为165毫米×143
毫米,防虫、防菌。

日本JA全农生产的用作绿皮梨品种套袋用的小袋
和大袋的种类、规格和特性见表11。

表11　　　　绿皮梨品种套袋用的小袋和大袋种类

(于绍夫等,2002)

种类	名　称	特　性	规格(毫米)
小袋	拔水 01-S. M	白色石蜡袋,含防治黑斑病药剂	小 71×64
	拔水 HC01-S	红棕色石蜡袋	中 81×70
	K01-S	白色石蜡袋	小 100×90
大袋	拔水 H55-L. M	外层为透明石蜡袋,内层为浅黄褐色纸袋,含防治黑斑病药剂	中 165×143
	55-L. M	同上,但不含防治黑斑病药剂	
	H65-L. M	外层为黄褐色纸袋,内层为透明石蜡袋,含防治黑斑病药剂	
	K65-L. M	同上,但不含防治黑斑病药剂	大 175×150
	65-L. M	同上,但不含防治黑斑病药剂	
	75-L. M	同上	

我国对梨果实袋的研制与开发应用仅处于起步阶
段,与日本相比有相当大的差距。河北省农林科学院石

家庄果树研究所研制出针对我国主要入袋害虫梨黄粉虫、康氏粉蚧等的 A 型和 B 型防虫袋,试验总结出六个不同配方,取得了良好的经济和社会效益。其中 A 型袋为黄色半透明,适用于果点较浅、果皮易变褐、采后易变色的品种。套袋果摘袋时呈浅绿色,贮后呈鲜黄色。B 型袋为黄褐色,适用于果点较大而深、果皮不易变褐或着红色品种,如茌梨、锦丰梨、砂梨、赤梨等。青皮梨摘袋时呈浅绿黄色,赤梨呈黄褐色或红褐色,套袋果宜采后即可销售。

除商品袋外,由于经济利益的驱动,出现了许多个体自制的纸袋和无证经营的厂家生产的仿制袋,这些生产者无技术、资金和设备保证,生产的纸袋纸质低劣,往往不经过涂药、打蜡处理,使用过程中果袋易硬化、破损,出现日烧、着色不均、果面粗糙等问题,但由于价格便宜,一些果农受其廉价的吸引大量购买使用,给果农造成了不应有的损失。

自制报纸袋可用纸质较好的旧报纸,用缝纫机缝制成规格为 140 毫米×180 毫米的纸袋。为防止因雨水或药剂冲刷而破损,报纸袋应该用石蜡处理或涂一层涩柿(或君迁子)油。自制的报纸袋对改善梨果实外观品质有较好的效果,但由于不具有防虫、杀菌功效,极易诱发大量的入袋害虫,给防治工作带来很大困难。因此,套袋梨园不宜连续使用自制报纸袋,如果套用报纸袋则应加强对梨园入袋害虫的防治工作。

另外,生产中还有用硫酸纸袋、不同颜色的塑膜袋等,这些果袋应用不多,且出现许多问题。以前,生产中,因为省工时,黄金梨采用三层袋。

4.套袋前的管理

早春梨树发芽前后是病虫开始活动的时期,再者梨园套袋后给喷药工作带来了诸多不便,套袋前的病虫害防治等管理工作是关键。此期重点要加强对梨木虱、梨蚜、红蜘蛛等的防治。

(1)加强栽培管理:合理土肥水管理,养成丰产、稳产、中庸健壮树势,增强树体抗病性,合理整形修剪使梨园通风透光良好;进行疏花疏果、合理负载是套袋梨园的工作基础。

(2)套袋前喷药:为防止把危害果实的病虫害如轮纹病、黑星病、黄粉虫、康氏粉蚧套入袋内增加防治的难度,套袋前必须严格喷1～2遍杀虫、杀菌剂,这对于防治套袋后的果实病虫害十分关键。

用药种类主要针对危害果实的病虫害,同时注意选用不易产生药害的高效杀虫、杀菌剂。忌用油剂、乳剂和标有"F"的复合剂农药,慎用或不用波尔多液、无机硫剂、三唑福美类、硫酸锌、尿素及黄腐酸盐类等对果皮刺激性较强的农药及化肥。高效杀菌剂可选用单体50％甲基托布津800倍液、单体70％甲基托布津800倍液、10％的宝丽安1 500倍液、1.5％的多抗霉素400倍液、喷克800倍液、甲基托布津＋大生M-45、多菌灵＋乙膦铝、甲基托布津＋多抗霉素等药剂。杀虫剂可选用菊酯类农药、对硫磷等,黄粉虫和康氏粉蚧较为严重的梨园宜选用两种以上杀虫剂。为减少打药次数和梨园用工,杀虫剂和杀菌剂宜混合喷施,如70％甲基托布津800倍液＋灭多威1 000倍液或12.5％烯唑醇可湿性粉剂2 500倍液＋25％溴氰菊酯乳油3 000倍液。

套袋前喷药重点喷洒果面,但喷头不要离果面太近,否则压力过大易造成锈斑或发生药害,药液喷成细雾状均匀散布在果实上,应喷至水洗状。喷药后,待药液干燥后即可进行套袋,严禁药液未干即进行套袋,否则会产生药害。喷一次药可套袋5～7天。

(3)果实袋的选择:目前生产中纸袋种类繁多,梨品种资源丰富,各个栽培区气候条件千差万别,栽培技术水平各异,纸袋种类选择的好坏直接影响到套袋的效果和套袋后的经济效益,应根据不同品种、不同气候条件、不同套袋目的及经济条件等选择适宜的纸袋种类。对于一个新袋种的出现应该先做局部试验,确定没有问题后再推广应用。

梨属资源异常丰富,栽培梨就有白梨、砂梨、西洋梨、秋子梨、新疆梨五大系统。因此,梨的皮色十分丰富,主要有绿色(贮后呈黄色)、褐色、红色三种,其中绿色又有黄绿色、绿黄色、翠绿色、浅绿色等,褐色有深褐色、绿褐色、黄褐色,红色有鲜红色、暗红色等。对于外观不甚美观的褐皮梨而言,套袋显得尤其重要。除皮色外,梨各栽培品种果点和锈斑的发生也不一样,如茌梨品种群(以莱阳茌梨为代表)果点大而密,颜色深,果面粗糙;西洋梨则果点小而稀,颜色浅,果面较为光滑。因此,以鸭梨为代表的不需着色的绿色品种以单层袋为宜,如河北省农林科学院石家庄果树研究所研制的 A 型和 B 型梨防虫单层袋应用于鸭梨效果较好。但应用于不同品种和地区应先试用再推广,如雪花梨在夏季高温多雨、果园湿度大的地区套袋易生水锈,茌梨和日本梨的某些品种也易发生水锈。对于果点大而密的茌梨、锦丰梨宜选用遮光性强的纸袋。对日本梨品种而言,新水、丰水梨宜用涂布石蜡的牛皮纸单层袋,幸水宜用内层为绿色、外层为外白里黑的纸袋,新兴、新高、晚三吉等宜用内层为红色的双层袋。对于易感轮纹病的西洋梨宜选用双层袋,比单层袋更好地起到防治轮纹病的效果。需要着色的西洋梨及其他红皮梨选用内袋为红色的双层袋,不需着色的西洋梨选用内袋为透明的蜡纸袋,适度减少叶绿素的形成,后熟后形成鲜亮的黄色。

5. 套袋时期与方法

梨果皮的颜色和果面光洁度与果点和锈斑的发育密切相关。果点主要是由幼果期的气孔发育而来的,幼果茸毛脱落部位也形成果点。梨幼果跟叶片一样存在着气孔,能随环境条件(内部的和外部的)的变化而开闭,随幼果的发育,气孔的保卫细胞破裂形成孔洞,与此同时,孔洞内的细胞迅速分裂形成大量薄壁细胞填充孔洞,填充细胞逐渐木栓化并突出果面,形成外观上可见的果点。气孔皮孔化的时间一般从花后 10～15 天开始,最长可达 80～100 天,以花后 10～15 天后的幼果期最为集中。因此,要想抑制果点发展获得外观美丽的果实,套袋时期应早一些,一般从落花后 10～20 天开始套袋,在 10 天左右时间内套完。如果落花后 25～30 天才套袋保护果实,此时气孔大部分已木栓化变褐,形成果点,达不到套袋的预期效果。如果套袋过早,纸袋的遮光性过强,则幼果角质层、表皮层发育不良,果实光泽度降低,果个变小,果实发育后期如果果个增长过快会造成表皮龟裂,形成变褐木栓层(表 12)。

表 12　梨不同品种果实斑点发展过程

(于绍夫等,2002)

调查日期 (日/月)	绿皮梨品种	褐皮梨品种	中间色品种
1/5	不形成斑点	不形成斑点	不形成斑点
10/5	不形成斑点	果点多数斑点化	果点少数斑点化
23/5	果点稍微斑点化	90%～100%斑点化	30%斑点化
2/6	10%～30%果点斑点化	果点间斑点化增多	50%～90%斑点化
17/6	大部分果点斑点化	果点间 80%斑点化	果点间部分斑点化
27/6	大部分果点斑点化	果点间全部斑点化	果点间 50%斑点化

梨的不同品种套袋时期也有差异。果点大而密、颜色深的锦丰梨、茌梨落花后 1 周即可进行套袋,落花后 15 天套完;为有效防止果实轮纹病的发生,西洋梨的套袋也应尽早进行,一般从落花后 10~15 天即可进行套袋;京白梨、南果梨、库尔勒香梨、早酥梨等果点小、颜色淡的品种套袋时期可晚一些。

锈斑的发生是由于外部不良环境条件刺激造成表皮细胞老化坏死或内部生理原因造成表皮与果肉增大不一致而致表皮破损,表皮下的薄壁细胞经过细胞壁加厚和木栓化后,在角质、蜡质及表皮层破裂处露出果面形成锈斑。锈斑也可从果点部位及幼果茸毛脱落部位开始发生,而且幼果期表皮细胞对外界强光、强风、雨、药液等不良刺激敏感,为防止果面锈斑的发生也应尽早套袋。套袋时期越长则锈斑面积越小,颜色越浅。适宜的套袋时期对外观品质的改善至关重要,套袋时期越早,套袋期越长,套袋果果面越洁净美观。据冉辛拓研究,套袋期为 110 天以上、80 天和 60 天的果点指数平均为 0.18、0.23 和 0.475,分别相当于对照的 20.2%、25.8%和 53.4%;果色指数平均为 0.20、0.27 和 0.515,分别相当于对照的 22.6%、30.5%和 58.2%。

6.套袋操作方法

首先,在严格疏花疏果的基础上,喷药后即可进行套袋。在套袋的同时,进一步选果,选择果形端正的下垂果,这样的果易长成大果而且由于有叶片遮挡阳光,可避免日烧的发生。选好果后小心地除去附着于蒂部的花瓣、萼片及其他附着物,因这些附着物长期附着会引起果实附着部位湿度过大形成水锈。套袋前3～5天将整捆纸袋用单层报纸包好埋入湿土中湿润袋体,也可喷水少许于袋口处,以利套袋操作和扎严袋口。梨果柄较长,套袋的具体操作方法与苹果不同。

(1)大袋套袋方法:为提高套袋效率,操作者可在胸前挂一围袋放入果袋,使果袋伸手可及。取一叠果袋,袋口朝向手臂一端,有袋切口的一面朝向左手掌,用无名指和小指按住,使拇指、食指和中指能够自由活动。用右手拇指和食指捏住袋口一端,横向取下一枚果袋,捻开袋口,一手托袋底,另一只手伸进袋内撑开袋体,捏一下袋底两角,使两底角的通气放水口张开,并使整个袋体鼓起。一手执果柄,一手执果袋,从下往上把果实套入袋内,果柄置于袋口中间切口处,使果实位于袋内中部。从袋口中间果柄处向两侧纵向折叠,把袋口折叠到果柄处,于丝口上方撕开将捆扎丝反转90°,沿袋口旋转一周于果柄上方2/3处扎紧袋口。然后托打一下袋底中部,使袋底两通气放水口张开,果袋处于直立下垂状态。

(2)小袋套袋方法:套小袋在落花后1周即可进行,落花后15天内必须套完,使幼果度过果点和果锈发生敏感期,待果实膨大后自行脱落或解除。由于套袋时间短,果实可利用其果皮叶绿素进行光合作用积累碳水化合物,因此,套小袋的果实比套大袋的果实含糖量降低幅度小,同时套袋效率高、节省套袋费用,缺点是果皮不如套大袋的细嫩、光滑。梨套袋用小袋分带浆糊小袋和带捆扎丝小袋两种,后者套袋方法基本与大袋相同。仅介绍带浆糊小袋的套袋方法:取一叠果袋,袋口向下,把带浆糊的一面朝向左手掌,用中指、无名指和小指握紧纸袋,使拇指和食指能自由活动;取下一个纸袋的方法:用右手拇指和食指握在袋的中央稍为向下的部分,横向取下一枚;袋口的开法:拇指和食指滑动,袋口即开,把果梗由带浆糊部位的一侧,将果实纳入袋中;浆糊的贴法:用左手压住果柄,再用右手的拇指和食指把带浆糊的部分捏紧向右滑动,贴牢。

(3)注意事项:小袋使用的是特殊黏着剂,雨天、有露水存在、高温(36℃以上)或干燥时黏着力低。小袋的保存应放在冷暗处密封,防止落上灰尘。小袋开封后尽可能早用,不要留作下一年再用,否则黏着力降低。另外,风大的地区易被刮落,应用带捆扎丝的小袋。

梨果套袋最好全园、全树套袋,便于套袋后的集中统一管理。若要部分套袋,则要选择初盛果期的中庸或中庸偏强树,不要选择老弱树。对一株树而言,少套正南、西南方向的梨,以减少日烧果率。选树体中部或中前部枝上的果,不套内膛及外围梢头果,套壮枝壮台果,不套弱枝弱台果。

套袋时应注意确保幼果处于袋内中上部,不与袋壁接触,防止蝽象刺果、磨伤、日烧以及药水、病菌、虫体分泌物通过袋壁污染果面。套袋过程中应十分小心,不要碰触幼果,用力不要过大,防止折伤果柄、拉伤果柄基部或捆扎丝扎得太紧影响果实生长或过松导致风刮果实脱落。袋口不要扎成喇叭口形状,以防积存雨水,要扎严扎紧,以不损伤果柄为度,防止雨水、药液流入袋内或病、虫进入袋内。注意更不要把叶片套入袋内。套袋时应先树上后树下,先内膛后外围,防止套上纸袋后又碰落果实。

纸袋运输时要防日晒雨淋,保管时应用塑料纸包好密封起来放于冷暗处,否则会严重降低果袋质量。用过的纸袋最好不要再次利用,因纸袋用过之后纸质变劣,药、蜡均已失效且上面附着有虫卵、病菌等,再次利用容易发生日烧、果面斑点、果面粗糙等问题。

7. 除袋时期与方法

套袋梨果含糖量有所下降,若采前除袋能在一定程度上增加果实的含糖量,但效果不明显,而对于果点和果色却有明显影响,即采前除袋降低了套袋改善果实外观品质的效果。因此,对于在果实成熟期不需着色的梨品种应带袋采收,分级时再除袋,因套袋梨果果皮比较细嫩,带袋采收可防止果实失水、碰伤果皮或污染果面。对于在果实成熟期需要着色的红皮梨及褐皮梨,套袋一般用双层袋,应在采前15～30天摘袋。为防止日烧,可先去外袋,将外层袋连同捆扎丝一并摘除,靠果实的支撑保留内层袋,过 2～3 个晴天后再去除(遇阴雨天需延长保留内袋天数)。保留内袋期间果实能通风和透光,同时又避免了强光直射,使果实迅速适应外界环境而不至阳光灼伤。去除内袋后红皮梨很快着色。

发生日烧的根本原因在于摘袋后果实由于阳光的照射,蒸腾作用散失水分降温不利,果实局部温度升温过快、过高而致灼伤。为防止日烧和有效促进着色,摘袋的时间应选晴天,最好在晴天果实温度已升高时进行,一般从上午 10 点到下午 4 点,午后 2～4 点摘袋发生日烧病最少,因为此时袋内外温度差别不大,果实温度较高,蒸腾作用较强。若上午 10 点之前或下午 4 点之后摘袋,由于果实温度较低,中午阳光直射果面时易导致果实温度迅速升高,发生日烧现象。上午摘袋重点摘除背阴面的果实,即树冠的东侧和北侧。若摘除向光面的果实,因此时果实温度还未升到最高,去袋后中午阳光直射可能会发生日烧现象。下午摘袋可重点摘除树冠的南侧和西侧,因此时果实温度已升到一天中最高值,且阳光已不很强烈,不易发生日烧。

8. 摘袋后的管理

摘袋后至采收前的着色期要进行摘叶、转果、铺设反光膜等着色期管理,使着色均匀一致。摘叶重点摘除树冠中上部影响全局的长枝、徒长枝叶片以及覆盖在果实上直接遮光的叶片。摘叶时应用剪子,保留叶柄。摘叶后由于光照条件的改善和全株水分蒸腾量的减少,果实更易发生日烧现象,在着色期高温干旱的地区应注意防止。另外,树冠东南部和南部的果实摘叶程度宜轻一些,果实上方宜保留一些不直接挡光的叶片,以防日烧。

摘叶可在摘袋后的4~6个晴天后与转果同时进行,以减少操作步骤,避免碰落果实。转果就是把果实的阴面转到阳面,以增加阴面的着色。可利用透明胶带使果实固定在相邻的枝上。铺设反光膜可解决树冠下部果实和果实萼部的着色。摘叶、转果后在树冠正下方铺一层银灰色反光膜,改善树冠下部光照状况。铺膜前应先平整树盘,以保护反光膜来年再用和提高其反光能力。以上操作都要按照"先上后下,先内后外"的操作顺序,动作要轻柔,最大限度地避免碰落和损伤果实,减少损失。

摘袋后2~3天,可喷1~2次杀菌剂,以防果面感染病菌。杀菌剂可选用科博800倍液、多菌灵600倍液等。

八、主要病虫害防治

（一）主要病害及防治

1.腐烂病

（1）危害特点：又名臭皮病，由一种弱寄生性真菌引起，主要危害树干、主枝和侧枝，使感病部位树皮腐烂。症状有溃疡型和枝枯型两种。溃疡型在发病初期病部稍肿起，水渍状，红褐色至暗褐色，手指按压稍下陷，病斑多呈圆形或不规则形，常溢出红褐色汁液，有酒糟味；枝枯型在小枝上发病，病斑无明显水渍状，枝枯死亡，病皮表面密生黑色小点。在中国梨上病部扩展较慢，仅限于皮层，不危害形成层；在西洋梨上最易感病，病部可深达木质部，破坏形成层，扩展迅速，致使枝干死亡。

（2）发病规律：真菌病害。病菌在枝干病部越冬，春天随天暖开始扩展，产生孢子借风雨传播，从伤口侵入。病菌具有潜伏侵染特性，当侵染部位的组织衰弱或近死亡时才易感病。一般有晚秋和早春两次发病高峰,以春季发病最重。树势强弱与病害发生有密切关系,管理差,树势弱,结果多,发病重。

(3)防治方法:

①农业防治,科学管理。加强土肥水管理,防止冻害和日烧,合理负载,增强树势,提高树体抗病能力,是防治腐烂病的关键措施。秋季树干涂白,防止冻害。

②春季发芽前全树喷2‰农抗120水剂100～200倍液、5波美度石硫合剂,铲除树体上的潜伏病菌。

③早春和晚秋发现病斑及时刮治,中国梨刮去外层病皮,烂至木质部的病斑应刮净、刮平,或者用刀顺病斑纵向划道,间隔5毫米左右,然后涂抹843康复剂原液、5‰安素菌毒清100～200倍液、10～30倍2‰农抗120或腐必清原液等药剂,以防止复发。另外,随时剪除病枝,烧毁,减少病原菌数量。

2.轮纹病

(1)危害特点:又称粗皮病,主要危害枝干和果实。枝干发病以皮孔为中心,形成暗褐色、水渍状大小病斑,以后逐渐扩大成近圆形并形成瘤状突起;果实发病多在近成熟期,也以皮孔为中心,形成轮纹状红褐色病斑,病果易落。

(2)发病规律:真菌病害。病菌以菌丝体、分生孢子器及子囊壳在染病枝干上越冬。北方梨区6～7月集中发生侵染。发生与降雨有关,一般落花后每一次降雨,即有一次侵袭;也与树势有关,衰老树严重,幼树轻,弱树严重,旺树发病轻。日本梨品种发病重,中国梨中的鸭梨、早酥梨、秋白梨发病也比较重。

(3)防治方法:

①农业防治。加强肥水管理,增施有机肥,合理负载,提高树体的抗病能力;彻底清理梨园,减少病菌基数。

②春季发芽前刮除病瘤,全树喷洒5%安素菌毒清100~200倍液、40%福星乳剂2 000~3 000倍液。

③生长季节于谢花后每半个月左右喷一次杀菌剂。常用农药:50%多菌灵600~800倍液、25%戊唑醇2 000倍液、40%福星乳剂4 000~5 000倍液、80%代森锰锌800倍液等,并与石灰倍量式波尔多液交替使用。

3.梨黑星病

(1)危害特点:又叫疮痂病,危害果实、果梗、叶片、嫩梢、叶柄、芽和花等部位。被害芽基部长有黑霉,芽鳞瘦小开裂,由此长出的新梢基部出现黑褐色病斑,表面长有黑霉;受害叶片在叶背主脉上形成长条状黑色霉斑,病叶变黄,早期落叶,严重时导致二次开花;果实受害后果面出现淡黄色圆斑,随圆斑扩大长出一层黑霉,并凹陷、木栓化、龟裂呈疮痂状。

(2)发病规律:真菌病害。病菌以分生孢子和菌丝在芽鳞片、病果、病叶和病梢上越冬。春季由病芽抽生的新梢、花器官先发病,成为感染中心,靠风雨传播给附近的叶片、果实等。一年中可以多次侵染,高温、多湿是发病的有利条件。降雨在800毫米以上,空气湿度过大时,容易引起病害流行。华北地区4月下旬开始发病,7~8月是发病盛期。另外,树冠郁闭,通风透光不良,树势衰弱,或地势低洼的梨园发病严重。梨品种间有差异,中国梨最感病,日本梨次之,西洋梨较抗病。

(3)防治方法:

①农业防治。首先是增强树势,保持树体通风透光,提高树体抗病能力。然后是清除病源,于落叶后彻底清除梨园中的枯枝、落叶、病果,集中烧毁或深埋;修剪时剪除病枝,生长期及时摘除发病的新梢、叶片和果实,减少再次侵染源。

②北方梨区在发病初期喷第一次杀菌剂,每隔15天左右喷一次。南方梨区可在开花前和落花70%时各喷一次杀菌剂,以后每半个月一次。常用药剂有1∶2∶240(硫酸铜∶生石灰∶水)倍波尔多液、25%戊唑醇2 000倍液、70%甲基托布津800倍液、40%福星乳剂4 000~5 000倍液、80%代森锰锌800倍液、12.5%烯唑醇可湿性粉剂2 000倍液。波尔多液与其他杀菌剂交替使用效果更好。为防止喷药后雨水冲刷,提高防治效果,喷药时可加入0.1%的豆汁或0.1%~0.2%的"6501"展着剂,以增加药液的黏着性。

← ←

4. 梨锈病

(1)危害特点:梨锈病又叫梨赤星病,主要危害叶片和新梢,严重时也危害幼果,造成落叶、落果、果实畸形、新梢枯死。侵染叶片后,在叶片正面表现为橙色、近圆形病斑,病斑略凹陷,斑上密生黄色针头状小点,为病原菌性孢子器,斑上溢出黄色胶液为病原菌性孢子。叶背面病斑略突起,后期长出黄褐色毛状物,为病原菌锈子器,成熟后锈子器顶端破裂,散出黄褐色粉状物为病菌锈孢子。果实和果柄上的症状与叶背症状相似,幼果发病能造成果实畸形和早落。

(2)发病规律:真菌病害。病菌以多年生菌丝体在桧柏病组织内越冬。桧柏是该病的中间寄主,在梨树上一年只有一次侵染循环。春季病菌开始侵染梨树,在梨树上危害至9月底,一般发病主要在4~5月,再回到桧柏上危害和越冬。春季雨水多尤其是梨芽萌发后30~40天内多雨潮湿,发病严重,或离桧柏比较近时发病重。白梨和砂梨系统的品种都不同程度地感病,洋梨较抗病。

(3)防治方法:

①农业防治。桧柏是该病的中间寄主,砍除桧柏是最彻底的防治手段,一般砍除梨园周围5千米以内的桧柏就可以避免该病的发生。新建梨园要避开桧柏林,零星桧柏彻底清除。对不宜清除的桧柏,可于3月上旬喷布3~5波美度的石硫合剂或0.3%五氯酚钠,或0.3%

五氯酚钠+1 波美度石硫合剂,消灭桧柏上的病源。

②药剂防治。梨树从萌芽至展叶后 25 天内喷药保护。一般萌芽期喷布第一次药剂,以后每 10 天左右喷布一次,连喷 3 次。早期药剂使用 400～600 倍液 65% 代森锌,或 400 倍液 20% 萎锈灵;花后用 200 倍液石灰倍量式波尔多液、20% 三唑酮 1 500 倍液、80% 代森锰锌 800 倍液、12.5% 烯唑醇可湿性粉剂 2 000～3 000 倍液。

5. 洋梨干枯病

(1)危害特点:主要侵染小枝条和较小的结果枝组,首先在枝组的基部表现为红褐色病斑,随病斑的扩大,开始干枯凹陷,病健交界处裂开,病斑也形成纵裂,最后枝组枯死。其上的花、叶、果也随之萎蔫并干枯。病斑上形成的黑色突起为病原菌的分生孢子器或子囊壳。

(2)发病规律:真菌病害。病菌以菌丝体在当年侵染的芽体组织或分生孢子、子囊壳在病组织上越冬,翌年春天病斑上形成分生孢子,借雨水传播,一般是从修剪和其他的机械伤口侵入,也能直接侵染芽体。幼树和成龄树均可发生,往往是在主干或主枝基部发生腐烂病或干腐病后,树体或主枝生长势衰弱,其上的中小枝组发病较重。以秋子梨和洋梨系品种发生重,白梨系品种发病较轻,生长势衰弱的树发生较重。

(3)防治方法:

①农业防治。加强栽培管理,增强树势。加强树体

保护,减少伤口。对修剪后的大伤口,及时涂抹油漆或动物油,以防止伤口水分散发过快而影响愈合。从幼树期开始,坚持每年树干涂白,防止冻伤和日灼。

②化学防治。每年芽前喷石硫合剂,生长期喷施杀菌剂时要注意全树各枝干上均匀着药,药剂参考梨腐烂病。

6.梨黑斑病

(1)危害特点:该病主要侵染果实形成裂果,也侵染叶片和新梢,严重发生引起早期落花。侵染叶片表现为近圆形不规则病斑,病斑中央颜色较浅,边缘黑褐色,有时可见不明显的轮纹,潮湿时病斑上生一层黑霉,为病原菌菌丝体、分生孢子梗和分生孢子,重病叶早落。幼果发病首先表现为近圆形病斑,略凹陷后生黑霉。病健部发育不均,果面从斑处形成龟裂,病果早落。在新梢上形成椭圆形凹陷病斑,病健交界处裂开。

(2)发病规律:病菌以分生孢子和菌丝体在发病枝或落地病叶病果越冬,春天病组织上形成分生孢子,借风雨传播引起初侵染。在适合的温湿度条件下能有多次再侵染。该病发生最适温度24～28℃。南方的梅雨季节是病害发生和蔓延最快的时期。西洋梨、日本梨感病,中国梨较抗病。

(3)防治方法:

①农业防治。果实套袋。搞好果园卫生。发芽前及

时剪除病梢,清除果园内病叶和病僵果。加强栽培管理,增施有机肥,避免因偏施氮肥而徒长。合理修剪,维持冠内株间良好的通风透光条件。

②适时喷药。芽前喷一次 5 波美度石硫合剂,与 0.3％五氯酚钠混喷效果更好。花后根据降雨和其他病害的防治,每间隔 15 天左右喷一次杀菌剂。药剂有:1∶2∶200 倍波尔多液、80％代森锰锌可湿性粉剂 800 倍液或 50％异菌脲可湿性粉剂 1 000～1 500 倍液、10％多氧霉素可湿性粉剂 1 000～1 200 倍液等。

7. 梨火疫病

(1)危害特点:梨火疫病是目前梨树上的毁灭性病害。除侵染梨以外,还能危害苹果和其他多种蔷薇科植物,是我国最主要的检疫对象之一。能侵染梨树的多种组织和器官。症状表现最早也最有危害性的是侵染花序。在花梗上首先表现为水渍状、灰绿色病变,随之花瓣由红变褐或黑色。发病的花可传染同花序的其他花或花序,发病的花序不脱落。早期侵染的果实不膨大,色泽黑暗;伤口侵染的果实上形成红褐色或黑色病斑。在新梢枝条上首先表现为灰绿色病变,随之整个新梢萎蔫下垂,最后死亡。树皮组织发病后,略凹陷,颜色也略深,皮下组织呈水渍状。所有发病组织还有如下特点:①旺盛生长组织发病后,症状发展快,如同被火烧过。②发病组织在潮湿条件下,病部形成菌溢,菌溢最初为透明或乳汁状,后呈红色或褐色,干后有光泽。

(2)发病规律:细菌病害。病原菌主要在当年发病的皮层组织中越冬,春天病组织上形成的菌溢,通过雨水或介体昆虫主要是蚜虫和梨木虱进行传播,从伤口或皮孔侵入,一般伤口侵入的发病和形成菌溢较快。当年发病部位形成的菌溢,通过传播,造成多次再侵染。久旱逢雨、浇水过度、地势低洼发病重。

(3)防治方法:

①严格检疫是目前最根本也是最有效的防治方法。

②避免在低洼易涝地定植。芽前刮除发病树皮,在生长季节定期检查各种发病新梢和组织,发现后及时剪除。对因各种农事操作造成的伤口都要进行涂药保护。

③化学防治。一方面要及时喷药防治各种介体昆虫;另一方面要及时喷布杀菌剂,特别是注意风雨后要及时喷药,因为风雨后形成大量的伤口也有利于细菌的侵染。药剂可选用72%农用链霉素可溶性粉剂3 000倍液、80%代森锰锌可湿性粉剂800倍液、10%苯醚甲环唑水分散粒剂2 000倍液。

8.梨褐腐病

(1)危害特点:在全国各梨产区普遍发生较重,主要在成熟期和贮藏期发生,造成果实腐烂,树上果实发病病果脱落腐烂,不脱落的形成僵果。一般在病果表面有同心轮纹状褐色绒状霉层,病果果肉疏松,略具韧性。

（2）发病规律：真菌病害。病原菌以子囊盘在病僵果上越冬，伤口是最主要侵入途径，侵染后在高温高湿条件下迅速扩展蔓延，造成果实很快腐烂。该病菌在0～35℃范围内均可扩展，病原菌寄主范围较广，除梨以外，还可侵染苹果、李、枣和桃等果树。果园管理差，水分供应失调，虫害严重，果实机械损伤多，利于发病。

（3）防治方法：

①在果园作业和果实采收、运输和包装的各环节实行严格管理，减少伤口。积极防治病虫害，尤其是梨木虱和黄粉虫的危害，减少由病虫危害而造成的伤口。

②在果实生长季节，结合轮纹病和黑星病的防治，适时喷布杀菌剂防治。

9. 白粉病

（1）危害特点：主要危害老叶，先在树冠下部老叶上发生，再向上蔓延。7月开始发病，秋季为发病盛期。最初在叶背面产生圆形的白色霉点，继续扩展成不规则白色粉状霉斑，严重时布满整个叶片。生白色霉斑的叶片正面组织初呈黄绿色至黄色不规则病斑，严重时病叶萎缩、变褐枯死或脱落。后期白粉状物上产生黄褐色至黑色的小颗粒。

（2）发病规律：真菌病害。白粉病菌在落叶上及粘附在枝梢上越冬。子囊孢子通过雨水传播，侵入梨叶，病叶上产生的分生孢子进行再侵染，秋季进入发病盛期。密植梨园、通风不畅、排水不良或偏施氮肥的梨树容易发病。

(3)防治方法：

①秋后彻底清扫落叶，并进行土壤耕翻，合理施肥，适当修剪，发芽前喷一次3～5波美度石硫合剂。

②加强栽培管理，增施有机肥，防止偏施氮肥，合理修剪，使树冠通风透光。

③药剂防治。发病前或发病初期喷药防治。药剂可选用0.2～0.3波美度石硫合剂、70%甲基托布津可湿性粉剂800倍液、15%三唑酮乳油1 500～2 000倍液、25%戊唑醇2 000倍液12.5%腈菌唑乳油2 500倍液。

10.梨黄叶病

(1)危害特点：北方梨区广泛发生，其中以东部沿海地区和内陆低洼盐碱区发生较重，往往是成片发生，在中性沙质壤土上也有不同程度的发生。症状都是从新梢叶片开始，叶色由淡绿变成黄色，仅叶脉保持绿色，严重发生的整个叶片是黄白色，在叶缘形成焦枯坏死斑。发病新梢枝条细弱，节间延长，腋芽不充实，梨树从幼苗到成龄的各个阶段都可发生。最终造成树势下降，发病枝条不充实，抗寒性和萌芽率降低。

(2)发病规律：缺铁症状从新梢开始就可表现，有时在新梢停长或雨季到来后症状有所减轻。在碱性土壤中由于盐基的作用使活性铁转化成非活性铁，而不能被植物吸收利用,形成缺铁性失绿,因而缺铁性黄化多发生在盐碱地区。在中性土壤中,肥水过量,尤其偏施氮肥,造成新梢生长过量,铁元素吸收不足,也会使新梢表现出不同程度的缺铁失绿症状。这种情况下能通过平衡施肥、增施有机肥、控制新梢生长等方法使缺铁失绿得到缓解。

(3)防治方法:

①改土施肥。在盐碱地定植梨树,除大坑定植外,还应进行改土施肥。方法是从定植的当年开始,每年秋天挖沟,将好土和杂草、树叶、秸秆等加上适量的碳酸氢铵和过磷酸钙混合后回填。第一年改良株间的土壤,第二年沿行间从一侧开沟,第三年改造另一侧。经过4~5年的改造,当梨树进入盛果期以后,不仅全园的土壤得以改良,还能极大地提高土壤有机质的含量,为优质丰产奠定基础。

②平衡施肥,尤其要注意增施磷钾肥、有机肥、微肥。

③叶面喷施300倍液硫酸亚铁。根据黄化程度,每间隔7~10天喷一次,连喷2~3次。也可根据历年黄化发生的程度,对重病株芽前喷施80~100倍液的硫酸亚铁。柠檬酸铁和黄腐酸铁也具有矫正缺铁的作用。

11. 梨缩果病

(1)危害特点:北方梨区普遍发生的一种生理性病害,在果实上形成缩果症状,使果实完全失去商品价值。不同品种对缺硼的耐受能力不同,不同品种上的缩果症状差异也很大。在鸭梨上,严重发生的单株自幼果期就显现症状,果实上形成数个凹陷病斑,严重影响果实的发育,最终形成猴头果。凹陷部位皮下组织木栓化。中轻度发生的不影响果实的正常膨大,在果实生长后期出现数个深绿色凹陷斑,随果实的发育凹陷加剧,最终导致果实表面凹凸不平。在砂梨和秋子梨的某些品种上凹陷斑变褐色,斑下组织亦变褐木栓化甚至病斑龟裂。

(2)发病规律:梨缩果病是由缺硼引发的一种生理性病害。缩果病在偏碱性土壤的梨园和地区发生较重。硼元素的吸收与土壤湿度有关,过湿和过干都影响梨树对硼元素的吸收。因此,在干旱贫瘠的山坡地和低洼易涝地更容易发生缩果病。

(3)防治方法:

①适当的肥水管理,干旱年份注意及时浇水,低洼易涝地注意及时排涝,维持适中的土壤水分状况,保证梨树正常生长发育。

②叶面喷硼肥。对有缺硼症状的单株和园片,从幼果期开始,每隔7～10天喷施300倍液硼酸或硼砂溶液,连喷2～3次,一般能收到较好的防治效果。也可以结合春季施肥,根据植株的大小和缺硼发生的程度,单株根施100～150克硼酸或硼砂。

12.梨果实贮藏期腐烂病

(1)危害特点:主要在贮藏和运输过程中发生。除潜伏侵染的轮纹病、褐腐病病果在贮藏期继续发病腐烂以外,还有灰霉腐烂、青霉腐烂、红粉腐烂,这3种腐烂病仅在贮藏期发生,是造成贮藏期烂果的重要病源。尤其是在贮藏条件不当、贮藏期过长时更易大量发生,造成很大的经济损失。

(2)发病规律:3种病原真菌均是在土壤和空气中大量存在的腐生真菌,都以菌丝体或分生孢子梗在冷库、包装物或其他霉变的有机物上越冬,通过气流或病健果直接接触传播。机械选果中的水流也是病菌传播的途径。采运过程中的机械伤口、病虫危害后形成的伤口等,都是腐生真菌侵入的途径。果实装箱后,长距离运输,果实相互挤压碰撞形成伤口,病健果直接接触传染,造成运输途中的"烂箱"。贮藏条件不当,尤其是贮藏期过长时发生严重。3种腐烂病有交叉感染的现象。

(3)防治方法:

①严格采收管理。在采收、分级、包装、装卸、运输的各个环节都要进行严格管理,最大限度地减少伤口。

②入库前对冷库进行全面彻底的清理,清除各种霉变杂物,喷施杀菌剂或施放烟剂进行消毒处理。

③在果实装箱前进行浸药处理,装箱后尽快入库,贮藏期定期抽样检查,及时发现病果并清除。

(二)主要虫害及防治

1.梨二叉蚜

(1)危害特点:又称梨蚜、卷叶蚜等,以成虫、若虫刺吸梨芽、嫩梢、叶片的汁液。危害叶片时,蚜虫群集于叶正面,使其两侧向正面纵卷成筒状,皱缩、硬脆,以后干枯脱落,严重时造成大批早期落叶,影响树势。

(2)发生规律:一年发生 10 多代,以卵在芽腋、树杈或树皮缝隙中越冬。早春花芽膨大时越冬卵开始孵化。初孵若虫先群集芽上危害,花芽开绽后便钻入芽内危害。展叶后集中在叶面危害,多在落花后出现大量卷叶。5 月下旬开始出现有翅蚜,迁飞到狗尾草上繁殖危害,6 月中旬后梨树上基本绝迹。9～10 月间又产生有翅蚜,回迁到梨树上,11 月上旬产生有性蚜并产卵越冬。天敌有草蛉、瓢虫、食蚜蝇、蚜茧蜂等。

(3)防治方法:

①早春及时摘除被害叶片,可有效地减轻危害。

②保护利用天敌。蚜虫天敌种类很多,当虫口密度较小、没必要喷药时,保护利用天敌的作用明显。

③春季花芽萌动后、初孵若虫群集在梨芽上危害或群集叶面危害而尚未卷叶时喷药防治,可以压低春季虫口基数并控制前期危害。用药种类为:10％吡虫啉可湿性粉剂 3 000 倍液、20％杀灭菊酯 2 000～3 000 倍液、24％灭多威水剂 1 000～1 500 倍液、3％啶虫脒 3 000 倍液等。

2.梨木虱

(1)危害特点:梨木虱只危害梨树,以成虫、若虫刺吸寄主的芽、叶、嫩梢的汁液。春季主要危害新梢和叶柄，夏季和秋季多在叶片背面吸食。受害叶片发生褐色枯斑，严重时全叶变褐，引起早期落叶。新梢受害后发育不良。若虫在叶片上分泌大量的黏液，将相邻两片叶粘合在一起，栖居其间危害，雨季湿度大时会引发煤污病。

（2）发生规律：梨木虱成虫分为冬型和夏型两种，以冬型成虫在树皮裂缝内、杂草、落叶及土壤空隙中越冬，在山东一年发生 4～6 代。越冬成虫于梨树花芽膨大时（3月上旬）出蛰，梨树花芽鳞片露白期（3月中旬）为出蛰盛期，出蛰期长达 1 个月。产卵盛期正是鸭梨花序伸出期，梨树终花期是第一代若虫孵化盛期，盛花后 1 个月是第一代成虫羽化盛期。以后世代重叠，9 月下旬至 10 月出现越冬代成虫，陆续越冬。干旱季节，梨木虱发生严重。天敌有瓢虫、草蛉、花蝽、寄生蜂等。

（3）防治方法：

①冬季和早春刮除粗老树皮，清除园内及周围的枯枝、落叶和杂草，可消灭越冬成虫。或 3 月份越冬成虫出蛰期，在清晨气温较低时，于树干下铺设床单，震落越冬成虫，进行人工捕杀。

②梨树花芽露白期，越冬代成虫大量出蛰，此时梨叶尚未长成，是喷药防治的最有利时期，以及盛花后 30 天第一代成虫羽化盛期喷药。可喷布 3 000 倍液 20％杀灭菊酯乳油或 5％土达乳油 1 000～1 500 倍液。

③在落花后第一代若虫发生期或盛花后 1 个月左右

的第二代若虫发生期喷药防治。药剂可选用:10％吡虫啉可湿性粉剂 3 000 倍液、1.8％阿维菌素乳油 3 000 倍液、35％赛丹 1 500~2 000 倍液。

3．梨圆介壳虫

(1)危害特点:梨圆介壳虫是国际性的检疫对象,食性极杂,已知寄主多达 150 种以上,能寄生果树的任何部位,特别是枝干被害最重。枝干被害后引起皮层爆裂,影响生长,严重时造成落叶、死梢甚至整株死亡。在果实上多集中在萼洼、梗洼处,形成围绕介壳的紫红色斑点。

(2)发生规律:梨圆介壳虫在山东一年发生 3 代,以 1~2 龄若虫及少数受精雌成虫在枝干上越冬,来年树液流动时继续危害。梨圆介壳虫可以孤雌生殖,但大部分是雌雄交尾后胎生。初龄若虫即在嫩枝、果实或叶片上危害。5 月上中旬雄成虫羽化,6 月上中旬至 7 月上旬越冬代雌成虫产仔。当年的第一代雌成虫于 7 月下旬至 9 月上旬产仔,第二代于 9 月至 11 月产仔。初产若虫一般群集在 2~5 年生枝条阳面,将口器插入寄主组织后不再移动,然后分泌蜡质,形成白色介壳。

(3)防治方法:

①调运苗木、接穗要加强检疫,防止传播蔓延。

②在冬季修剪时,剪除虫口密度大的枝条集中烧毁,可以显著压低来年的虫口基数。

③药剂防治可以采用在萌芽前喷布 5 波美度石硫合

剂或 200 倍洗衣粉、50 倍 95％机油乳剂。越冬代、第一代成虫产仔期和 1 龄若虫扩散期是喷药防治的关键时期，可用 20％杀灭菊酯 3 000 倍液、40％毒死蜱乳油 1 000～1 500 倍液或 25％优乐得可湿性粉剂 1 500～2 000 倍液。

4. 梨小食心虫

（1）危害特点：梨小食心虫简称"梨小"，主要以幼虫蛀食梨果实和核果类果树的新梢，是梨的主要蛀果害虫之一。幼虫从梨萼、梗洼处蛀入，直达果心，高湿情况下蛀孔周围常腐烂，俗称"黑膏药"，被害果易腐烂脱落，在桃、梨混栽的果园中危害严重。

（2）发生规律：梨小食心虫在山东一年发生 4～5 代，以老熟幼虫在枝干翘皮下、枝杈缝隙、根部土壤中以及果品仓库及果品包装材料中结茧越冬。早春平均气温 10℃以上时越冬幼虫开始化蛹，4 月中旬至 6 月中旬出现越冬代成虫，6 月中旬至 7 月上旬为第一代成虫发生期，7 月上中旬至 8 月上旬为第二代成虫发生期，第三代成虫发生在 8 月中旬至 9 月上旬。成虫寿命 11～17 天，产卵后 8～10 天出现幼虫，1～2 代幼虫主要危害桃梢，3～4 代幼虫主要危害梨、桃、苹果等果实。7 月下旬以前蛀果幼虫只在果实表皮下危害，7 月下旬以后蛀果的幼虫则直达果心，老熟后脱果，造成大量烂果。成虫对糖醋液、黑光灯、性诱剂有趋性。

（3）防治方法：

①建园时避免桃、杏、李、樱桃、苹果、梨等果树混栽，梨园也不要距桃园太近，可以有效地减少梨小食心虫的转移危害。发芽前刮除粗老树皮并集中烧毁，消灭越冬幼虫；生长季节及时剪除被害桃梢；越冬幼虫脱果前在主枝、主干上绑缚草把，诱集幼虫入内，1个月后解下烧毁，都可以降低虫口基数，减轻危害。

②单植梨园应根据不同品种进行防治，一般早熟或中熟品种以第二代卵发生期开始用药，晚熟品种在第三代卵期开始用药。在虫口密度低的果园，可以用性诱芯诱杀雄蛾。方法是：于雄蛾羽化初期，在果园中每隔50米挂一个水碗，碗中盛放0.2％的洗衣粉溶液，距水面1厘米处挂一个含梨小食心虫性诱剂200微克的性诱芯，以后经常检查，及时加水，保持水面高度，可以有效地诱杀雄蛾。也可以用糖醋液诱杀成虫，方法是：将糖、酒、醋、水按1：1：4：16的比例配制成糖醋液，装入大口罐头瓶中，于成虫发生期挂在树上即可。当园中卵果率达到0.5％～1％时，要及时进行药剂防治。可选用的药剂有30％桃小灵1 500～2 000倍液，20％氰戊菊酯1 000～2 000倍液，2.5％功夫菊酯2 000～2 500倍液，48％毒死蜱乳油1 000～1 500倍液，25％灭幼脲3号1 500～2 000倍液，35％赛丹1 500～2 000倍液，20％除虫脲2 000～3 000倍液。

5. 梨大食心虫

(1)危害特点：梨大食心虫简称"梨大"，俗称"吊死鬼"，以幼虫危害花芽、花序和幼果。被害花芽多数仍能够开花，被害果实干缩变黑，蛀入孔较大，孔外有虫粪，挂在树上不易脱落。

(2)发生规律：梨大食心虫在山东一年发生2代，以1～2龄幼虫在花芽内结茧越冬。春季花芽膨大时越冬幼虫开始转害新花芽，4月中旬进入转芽盛期。幼虫危害花芽时，一般不食害生长点，因而被害花芽多数仍能够开花。开花后幼虫在花丛基部危害，吐丝缠绕鳞片，使其不能脱落。梨果脱萼期幼虫开始蛀果，一般1头幼虫只危害1个果实，仅少数转果危害2～3个。幼虫在果实内危害20余天后，吐丝将被害果的果柄缠绕在果台枝上，使被害果不能脱落，然后在果内化蛹。越冬代成虫6月上旬开始羽化，6月中旬为羽化盛期，成虫产卵多在萼洼、果台、梗洼、叶柄、果面粗糙处及顶芽。卵期5～7天，孵化幼虫后危害芽和幼果。第一代成虫8月上中旬羽化，直接把卵产在芽旁，幼虫孵化后直接蛀入芽内，短期危害后即在芽内越冬。

(3)防治方法：

①可结合冬季修剪，剪除越冬虫芽；开花后摘除枯萎花序；敲打树枝，发现鳞片不脱落的花簇，即有幼虫在其中危害，可人工捕杀；在成虫羽化之前，随时摘除虫果，重

点是摘除越冬代幼虫危害果。

②药剂防治的关键时期是越冬幼虫出蛰转芽和转果危害两个时期,其次是一、二代卵孵化盛期。转芽盛期一般在梨的花芽开绽至花序伸出时,转果初期在华北地区正是梨果脱萼期,盛期在 5 月下旬。常用药剂有 48％毒死蜱乳油 1 000～1 500 倍液,或 20％氰戊菊酯乳油 3 000 倍液,或 20％三唑磷 1 000～1 500 倍液以及 5％来福灵 3 000 倍液。

6.梨茎蜂

(1)危害特点:梨茎蜂俗称"折梢虫",主要危害梨新梢,另外,还危害苹果、海棠、杜梨等。春季成虫先将嫩梢 4～5 片叶处锯伤,在断口下产卵,然后再切去伤口下的 3～4 片叶,仅留叶柄,被害梢端很快枯死,下方形成短橛,卵孵化后,幼虫在短橛内向下蛀食,使枝条干枯。幼树被害后影响树冠扩大和整形,成树被害严重时影响树势和产量。

(2)发生规律:一年发生 1 代,以幼虫在被害枝内越冬。梨树开花期成虫羽化,盛花后 10 天为产卵盛期,幼虫孵化后在枝条内向下蛀食,到 6～7 月份蛀入二年生枝段后结茧越冬。梨茎蜂成虫有假死性,但无趋光性和趋化性。

(3)防治方法:

①结合冬季修剪剪除被害虫梢。成虫产卵期从被害

梢断口下 1 厘米处剪除有卵枝段,可基本消灭。生长季节发现枝梢枯檄时及时剪掉,并集中烧毁,杀灭幼虫。发病重的梨园,在成虫发生期,利用其假死性及早晚在叶背静伏的特性,震树使成虫落地而捕杀。

②喷药防治抓住花后成虫发生高峰期,在新梢长至 5～6 厘米时喷布 3 000 倍液的 20% 杀灭菊酯或 80% 敌敌畏 1 000～1 500 倍液、5% 高氯·吡乳油 1 000～1 500 倍液等。

7.黄粉虫

(1)危害特点:黄粉虫又称黄粉蚜,俗名"膏药顶"、"痛药顶"。果实表现受害处成虫、若虫及卵堆积成片,似有一堆堆黄粉,周围有黄褐色晕环。受害初期果皮表面呈黄色稍凹陷的小斑,以后变为黑色,向四周扩大呈轮纹状,形成具龟裂的黑疤。萼洼、梗洼处受害尤重,受害严重的果实脱落。

(2)发生规律:该虫呈卵圆形,体长 0.7～0.8 毫米,鲜黄色。若虫体形较小,淡黄色。卵为椭圆形,呈黄绿色。一年发生 8～10 代,以卵在果台、粗老翘皮裂缝等处越冬,翌春天气转暖后卵孵化为若虫,6 月上中旬开始向果实转移,8 月中旬果实近成熟时危害最重,危害严重的果实采收后在运输、贮藏、销售过程中也可发病,造成大量烂果。套袋梨园防治不当,会造成很大损失。由于黄粉虫喜阴暗,袋口扎不严,果袋无防虫效果,易从袋口、通气放水口钻入袋内,因袋的保护作用,难以受药,易造成危害。

(3)防治方法:

①刮老树皮和翘皮,清除树上残附物,杀死过冬卵。

②7月中旬、8月中下旬是黄粉虫防治的关键时期。效果较好的药剂有80%敌敌畏800～1 000倍液,10%吡虫啉(一遍净)3 000倍液,35%赛丹(硫丹)1 500～2 000倍液,20%速灭杀丁1 000～2 000倍液,10%氯氰菊酯1 500～2 000倍液,50%抗蚜威可湿性粉剂3 000倍液等。另外,越冬之前,在树干上包扎草把或麻袋片等诱集其中雌虫产卵,翌春解除包扎物,同时刮除粗树皮,集中烧毁。

8.茶翅蝽

(1)危害特点:又名臭蝽象,以成虫和若虫危害梨、苹果、桃、杏、李等果树及部分林木和农作物,近年来危害日趋严重。叶和梢被害后症状不明显,果实被害后被害处木栓化,变硬,发育停止而下陷,果肉微苦,严重时形成疙瘩梨或畸形果,失去经济价值。

(2)发生规律:此虫在北方一年发生1代,以成虫在果园附近建筑物上的缝隙、树洞、土缝、石缝等处越冬。4月开始出蛰,6月上旬开始产卵,至8月中旬结束,卵多产在叶背。若虫孵化后,先静伏于卵壳上面或其周围,3～5天后分散危害。7月中旬出现成虫,危害到9月下旬至 10 月上旬,才陆续飞向越冬场所。

(3)防治方法:

①人工防治。在春季越冬成虫出蛰时和 9～10 月成虫越冬时,在房屋的门窗缝、屋檐下、向阳背风处收集成虫;成虫产卵期,收集卵块和初孵若虫,集中销毁。

②药剂防治。在越冬成虫出蛰期和低龄若虫期喷药防治。药剂可选用:50％杀螟硫磷乳剂 1 000 倍液,48％毒死蜱乳剂 1 500 倍液或 20％氰戊菊酯乳油 2 000 倍液,5％高氯·吡乳油 1 000～1 500 倍液。

9. 梨网蝽

(1)危害特点:又名梨军配虫,主要危害梨、苹果、海棠、山楂、桃、李等多种果树,以成虫、若虫群集叶背面危害,吸食叶片汁液,被害叶形成苍白斑点,叶片背面有褐色斑点状虫粪及分泌物,呈锈黄色,严重时早期脱落。管理粗放的梨园和山地梨园发生较重。

(2)发生规律:梨网蝽一年发生 3～4 代,以成虫潜伏在落叶下或树干翘皮裂缝中越冬。4 月中旬开始活动,先在下部叶片危害,逐渐扩散到全树。由于出蛰期较长,以后各世代重叠发生。7～8 月是全年危害最重的时期。10 月中下旬成虫寻找适宜场所越冬。

(3)防治方法:

①诱杀成虫。9 月份成虫下树越冬前,在树干上绑草把,诱集成虫越冬,然后解下草把集中烧毁。

②清园翻耕。春季越冬成虫出蛰前,细致刮除老翘皮。清除果园杂草落叶,深翻树盘,可以消灭越冬成虫。

③喷药防治。在越冬成虫出蛰高峰及第一代若虫孵化高峰期及时喷药防治。药剂可选用80%敌敌畏乳油1 000倍液,48%毒死蜱乳油1 500～2 000倍液,20%氰戊菊酯乳油2 000倍液。

10.二斑叶螨

(1)危害特点:二斑叶螨又名二点叶螨、白蜘蛛。可危害樱桃、桃、杏、苹果、草莓、梨等多种果树,还危害多种蔬菜和花卉。以成、若螨刺吸叶片,被害叶表面出现失绿斑点,逐渐扩大呈灰白色或枯黄色细斑。螨口密度大时,被害叶片上结满丝网,叶片枯干脱落。雌成螨椭圆形,灰绿色或深绿色,体背两侧各有1个明显的褐斑。

(2)发生规律:二斑叶螨一年发生10余代。以受精的雌成螨在根颈、枝干翘皮下、杂草根部、落叶下越冬。来年3月出蛰。出蛰雌成螨先集中在荠菜、苦菜等杂草上取食,4月以后陆续上树危害。第一代卵的孵化盛期在4月中下旬。除第一代发生整齐外,以后则世代重叠,防治困难。9～10月陆续下树越冬。二斑叶螨喜高温干旱,7～8月降雨情况对其发生发展影响较大。

(3)防治方法:

①农业防治。及时清除果园杂草,并将锄下的杂草深埋或带出果园,可消灭草上的害螨。

②生物防治。在果园种植紫花苜蓿或三叶草,能够蓄积大量害螨的天敌,可有效控制害螨发生。

③药剂防治。在害螨发生期,可选择以下农药进行喷药:1.8%阿维菌素乳油 3 000 倍液,5%霸螨灵乳油 2 500 倍液,10%浏阳霉素乳油 1 000 倍液,25%三唑锡可湿性粉剂 1 500 倍液。喷药要均匀周到。

11. 山楂叶螨

(1)危害特点:山楂叶螨又名山楂红蜘蛛,主要危害梨、苹果、山楂、樱桃、桃等。以成、若螨群集叶片背面刺吸危害,叶片表面出现黄色失绿斑点。严重时,山楂叶螨在叶片上吐丝结网,引起焦枯和脱落。冬型雌成螨鲜红色;夏型雌成螨初蜕皮时为红色,后渐变深红色。

(2)发生规律:山楂叶螨一年发生 5~9 代,以受精雌成螨在果树主干、主枝、侧枝的老翘皮下、裂缝中或主干周围的土壤缝隙内越冬。果树萌芽期开始出蛰。山楂叶螨第一代发生较为整齐,以后各代重叠发生。6~7 月高温干旱最适宜山楂叶螨的发生,数量急剧上升,形成全年危害高峰期。进入 8 月,雨量增多,湿度增大,种群数量逐渐减少。一般于 10 月即进入越冬场所越冬。

(3)防治方法:

①农业防治。结合果树冬季修剪,认真细致地刮除枝干上的老翘皮,并耕翻树盘,可消灭越冬雌成螨。

②生物防治。保护利用天敌是控制叶螨的有效途径

之一。保护利用的有效途径是减少广谱性高毒农药的使用,选用选择性强的农药,尽量减少喷药次数。有条件的果园还可以引进释放扑食螨等天敌。

③化学防治。药剂防治关键时期在越冬雌成螨出蛰期和第一代卵和幼若螨期。药剂可选用50%硫悬浮剂200～400倍液、5%噻螨酮乳油2 000倍液、15%哒螨灵乳油2 000倍液、25%三唑锡可湿性粉剂1 500倍液等。喷药要细致周到。

12.白星花金龟子

(1)危害特点:在我国分布很广,辽宁、河北、山东、山西、河南、陕西等省均有发生,主要危害梨、苹果、桃、葡萄、杏、樱桃等果实。当果实近成熟时,以成虫群集于果实伤处,食害果肉。成虫全身古铜色,体表散布众多不规则白绒斑。

(2)发生规律:一年发生1代,以幼虫在土中越冬,成虫5月上旬出现,发生盛期为6～7月,9月为末期。成虫具假死性和趋化性,飞行力强。成虫寿命较长,交尾后产卵于土中,幼虫在土中生活。

(3)防治方法:

①利用成虫的假死性和趋化性,诱杀、捕杀成虫。

②在成虫出土羽化前,树下施药剂,可用25%辛硫磷微胶囊100倍液处理土壤。

③成虫发生期树上喷药防治。药剂选用:4.5%高效

氯氰菊酯乳油2 000倍液,90%晶体敌百虫800倍液,5%高氯·吡乳油1 000~1 500倍液。

(三)绿色梨园病虫害的综合防治

1.防治原则

积极贯彻"预防为主,综合防治"的植保方针。以农业和物理防治为基础,提倡生物防治,按照病虫害的发生规律和经济阈值,科学使用化学防治技术,有效控制病虫危害。改善田间生态系统,创造适宜梨树生长而不利于病虫发生的环境条件,达到生产安全、优质、无公害梨果的目的。

2.加强检疫

对苗木、接穗、插条、种子等繁殖材料及果品等进行严格检疫,防止危险性的病、虫(如梨火疫病、梨潜皮蛾、梨夸圆蚧等)传播蔓延,坚决切断传染源。

3.农业防治

(1)选抗逆性强的品种和无病毒苗木:生产中在保证优质的基础上,尽量选用抗逆性强的品种和无病毒苗木,这样,植株生长势强,树体健壮,抗病虫能力强,可以减少病虫害防治的用药次数,为无公害梨生产创造条件。

(2)果园种草和营造防护林:果园行间种植绿肥(包括豆类和十字花科植物),既可固氮,提高土壤有机质含量,又可为害虫天敌提供食物和活动场所,减轻虫害的发生。有条件的果园,可营造防护林,改善果园的生态条件,建造良好的小气候环境。

(3)清理果园:果园一年四季都要清理,发现病虫果、枝叶虫苞要随时清除。冬季清除树下落叶、落果和其他杂草,集中烧毁,消灭越冬害虫和病菌。及时刮除老翘皮,刮皮前在树下铺塑料布,将刮除物质集中烧毁,并利用生石灰和石硫合剂混合材料树干涂白杀死树上越冬虫卵、病菌,减少日灼和冻害。越冬前深翻树盘可以消灭部分土中越冬病虫,然后浇水保墒。

(4)加强栽培管理:病虫害防治与品种布局、管理制度有关。切忌多品种、不同树龄混合栽植,不同品种、树龄病虫害发生种类和发生时期不尽相同,对病虫的抗性也有差异,不利于统一防治。加强肥水管理可提高果树抗虫抗病能力,采用适当修剪可以改善果园通风条件,减轻病虫害的发生。果实套袋可以把果实与外界隔离,减少病原菌的侵染机会,阻止害虫在果实上的危害,也可避免农药与果实直接接触,提高果面光泽度,减少农药残留。

(5)提高采果质量:果实采收要轻采轻放,避免机械损害,采后必须进行商品化处理,防止有害物质对果实的污染。贮藏保鲜和运输销售过程中保持清洁卫生,减少病虫侵染。

4.物理防治

利用害虫的生活习性,如设置黑光灯、频振式杀虫灯和糖醋液、性诱剂等进行诱杀,设置黄板诱蚜等。早春铺设反光膜或树干覆草,防止病原菌和害虫上树侵染,有利于将病虫集中诱杀。也可人工捕捉成虫,深挖幼虫或中间种植寄生植物诱集。

5. 生物防治

生物防治法包括保护和利用天敌、使用微生物农药以及利用昆虫性外激素诱杀或干扰雄成虫正常交配等。果园害虫的天敌分为捕食性和寄生性两大类。前者主要包括瓢虫、草蛉、小花蝽、蓟马、食蚜蝇、捕食螨、蜘蛛和鸟类,后者包括各种寄生蜂、寄生蝇、寄生菌等,能有效防治蚜虫、梨木虱、梨小食心虫、螨类等害虫。昆虫病原线虫是一类专门寄生昆虫的线虫,进入昆虫体内迅速释放出所带的共生菌,使昆虫感染而死亡,对食心虫、天牛等有较好防治效果。梨二叉蚜的天敌有瓢虫、草蛉、食蚜蝇、蚜茧蜂等,梨木虱的天敌有花蝽、瓢虫、草蛉、蓟马、肉食性螨、寄生蜂等,梨圆介壳虫的天敌有红点唇瓢虫、肾斑唇瓢虫、跳小蜂、短缘毛介小蜂等。保护和利用天敌,可以有效地控制害虫危害,因此在天敌发生盛期应避免使用广谱性杀虫剂,以防止杀伤天敌。也可以人工饲养天敌,然后释放于果园中。

6. 化学防治

(1)农药使用范围:禁止使用剧毒、高毒、高残留农药和致畸、致癌、致突变农药。根据农业部第 199 号公告

（2002 年 5 月 20 日），国家明令禁止使用六六六、滴滴涕、毒杀芬、二溴氯丙烷、二溴乙烷、杀虫脒、除草醚、艾氏剂、狄氏剂、甘氟、毒鼠强、氟乙酸钠、毒鼠硅、砷类、铅类等 18 种农药，并规定甲胺磷、甲基对硫磷、对硫磷、氧化乐果、三氯杀螨醇、久效磷、磷胺、甲拌磷、甲基异柳磷、特丁硫磷、甲基硫环磷、治螟磷、内吸磷、克百威、涕灭威、灭线磷、硫环磷、蝇毒磷、地虫硫磷、氯唑磷、苯线磷、福美砷等农药不得在果树上使用。

允许使用生物源农药、矿物源农药及低毒、低残留的化学农药。允许使用的杀虫杀螨剂有 Bt 制剂（苏云金杆菌）、白僵菌制剂、烟碱、苦参碱、阿维菌素、浏阳霉素、敌百虫、辛硫磷、螨死净、吡虫啉、啶虫脒、灭幼脲 3 号、抑太保、杀铃脲、扑虱灵、卡死克、加德士敌死虫、马拉硫磷、尼索朗等；允许使用的杀菌剂有中生菌素、多氧霉素、农用链霉素、波尔多液、石硫合剂、菌毒清、腐必清、农抗 120、甲基托布津、多菌灵、扑海因（异菌脲）、粉锈宁、代森锰锌类（大生 M-45、喷克）、百菌清、福星、乙膦铝、易保等。

限制使用的中等毒性农药品种有功夫、灭扫利、来福灵、氰戊菊酯、氯氰菊酯、敌敌畏、哒螨灵、抗蚜威、乐斯本（毒死蜱）、杀螟硫磷等。限制使用的农药每种每年最多使用一次，安全间隔期在 30 天以上。

（2）科学合理使用农药：加强病虫害的预测预报，有针对性地适时用药，未达到防治指标或益害虫比合理的情况下不用药。

根据天敌发生特点,合理选择农药种类、施用时间和施用方法,保护天敌,充分发挥天敌对虫害的自然控制作用。

按 GB4285、GB/T8321.1、GB/T8321.2、GB/T8321.3、GB/T8321.4、GB/T8321.5、GB/T8321.6 和 GB/T8321.7 等农药使用国家标准的规定执行,严格按照规定的浓度、每年使用次数和安全间隔期要求施用,喷药均匀周到;农药混剂执行其中残留性最大的有效成分的安全间隔期,并注意不同作用机理农药的交替使用和合理混用,以延缓病虫的抗药性,提高防治效果。

综合运用上述技术,不仅可以把病虫害有效地控制在不至于造成经济损失的水平以下,而且还可以节约开支,减少对果实和环境的污染。

7. 套袋梨园病虫害防治

梨园套袋后果实保护在袋体内生长,避免了农药、病虫直接接触果实,袋内阴暗环境也给喜阴的害虫提供了良好的场所,同时,套袋果易发生药害,因此套袋梨园病虫种类、用药种类及打药制度等都应有别于无袋栽培的梨园。

套袋梨园应侧重于对枝干、叶部病虫害及入袋害虫的防治。套袋能很好地防治桃小、梨小、苹小、白小等食心虫类,减轻梨黑斑病、黑星病、轮纹病的发病程度,但袋内特殊的阴暗环境给喜阴的黄粉虫、康氏粉蚧等入袋害虫提供了良好的生存、繁殖场所,套袋非但不能减轻其危害而且会很快加重发病程度,特别是在连续使用不具备防虫、杀菌果袋的情况下。黄粉虫、康氏粉蚧相继危害套袋果实外,梨木虱、蝽象、梨叶锈螨等也是危害套袋梨果的主要害虫。

套袋梨园选择高效、低毒、低残留、低药害的农药种类,同时避免种类单一,以防病虫产生抗药性。由于有袋的保护,套袋后应突出内吸性药剂的应用。梨果套袋后抗药性降低,应特别注意某些梨树对其敏感药剂的应用。梨对铜离子敏感,套袋前严禁使用波尔多液,一般在果实发育的中后期使用。喷波尔多液时应选用优质生石灰,并适当增加石灰用量,以倍量式较好。实践表明,连续使用波尔多液叶片浓绿,但套袋果在成熟过程中褪绿慢,成熟时呈黄绿色或绿色,而使用多菌灵果实成熟时呈鲜黄色,果点小,果皮光滑,但叶片也较黄。因此,两种药剂可结合使用。某些硫制剂如石硫合剂、硫悬浮剂的使用也应慎重,生长季禁用石硫合剂,用硫悬浮剂防治螨类,白粉盐、克螨特、马拉硫磷、倍硫磷、环硫磷等的使用也应注意,使用时需降低浓度。另外,代森锰锌、波尔多液等对温度敏感,使用时应降低浓度或避开高温、高湿、闷热、无风天气。

(四)绿色梨园病虫害综合防治规程

1.休眠期(12月至3月初)

防治对象:腐烂病、轮纹病、黑星病、干腐病、黑斑病;

梨木虱、黄粉虫、梨二叉蚜、红蜘蛛等。

防治措施：彻底清除落叶、落果、僵果、病枝、枯死枝；刮除枝干粗皮、翘皮病虫斑，将各种病虫残体清出果园外烧毁或深埋；清园后地面翻耕，破坏土中病虫越冬场所。

2. 芽萌动至开花期（3月上旬至4月初）

防治对象：腐烂病、轮纹病、干腐病、黑星病、黑斑病；梨木虱、黄粉虫、梨二叉蚜、红蜘蛛。

防治措施：①继续刮除枝干粗皮、翘皮。②刮治腐烂病斑并涂药保护，加菌毒清、843康复剂等。③3月上中旬喷高效氯氰菊酯2 000倍液或士达1 500倍液＋增效剂，杀灭越冬代梨木虱成虫。④发芽前喷一次3～5波美度石硫合剂或农抗120 100～200倍液，杀灭各种在树体上越冬的病虫。⑤发芽后开花前，喷施烯唑醇2 000倍液或腈菌唑3 000倍液或50%多菌灵600倍液＋乐斯本2 000倍液或3%啶虫脒3 000倍液或吡虫啉3 000倍液，杀灭在芽内越冬的黑星病菌及已开始活动的梨二叉蚜等。

注意3月上中旬，梨木虱越冬成虫在气候温暖时出蛰、交尾、产卵，要根据天气变化，在温暖无风天喷药，才会有较好的防治效果。此期是梨木虱防治的第一个关键时期。

3. 开花期（4月上中旬）

防治对象：金龟子。

防治措施：利用成虫的假死性和趋化性，诱杀、捕杀成虫;在成虫出土羽化前,可用25％辛硫磷微胶囊100倍液处理土壤;成虫发生期树上喷药防治。药剂选用:4.5％高效氯氰菊酯乳油2 000倍液,90％晶体敌百虫800倍液,5％士达乳油1 000～1 500倍液。喷药时要慎重,以免发生药害,一般在初花期喷洒。

4.落花后至麦收前(4月中下旬至6月上旬)

防治对象:黑星病、黑斑病、轮纹病、炭疽病、黄叶病等;梨木虱、黄粉虫、食心虫、红蜘蛛、梨二叉蚜、蟓象等。

防治措施:①落花后开始喷50％多菌灵600倍液或80％大生M-45 800倍液或特谱唑2 000倍液或10％世高8 000～10 000倍液或40％福星5 000倍液,10～15天1次,防治黑星病、黑斑病,兼防轮纹病、炭疽病等。②防治第1～2代梨木虱若虫,有效药剂有高效氯氰菊酯2 000倍液、10％吡虫啉3 000倍液、1.8％阿维菌素4 000倍液,兼治蚜虫及红蜘蛛等。③及时喷药防治黄粉虫,有效药剂有硫丹2 000倍液、3％啶虫脒3 000倍液、吡虫啉3 000倍液等。④4月下旬至5月下旬,人工摘除黑星病梢,7～8天巡回检查摘除一次,深埋或带出园外。⑤防治蟓象,以50％杀螟松乳剂1 000倍液,48％乐斯本乳剂1 500倍液或20％氰戊菊酯乳油2 000倍液,5％士达乳油1 000～1 500倍液效果好。⑥防治缺素症,如黄叶严重可喷硫酸亚铁;如小叶病严重可喷螯合锌。

注意麦收前是防治各类病虫的关键,必须按时、周到喷药,此时防治黄粉虫应注意细喷枝干,防止黄粉虫上果危害;麦收前用药不当最易造成药害,影响果品质量,所以此期用药必须选用安全农药;梨果套袋前,必须喷施一次杀菌剂,以防套袋果的黑点病;防治梨木虱及黄粉虫时,若在药液中加入农药增效剂可显著提高防效。

5. 果实迅速膨大期(6 月中旬至 8 月上旬)

防治对象是黑星病、黑斑病、轮纹病、炭疽病、褐腐病、白粉病等;梨木虱、黄粉虫、红蜘蛛、蝽象、食心虫、白蜘蛛等。

防治措施:用 50%多菌灵 600 倍液、大生 M-45 800 倍液、特谱唑 2 000 倍液、腈菌唑 3 000 倍液、福星 5 000 倍液、波尔多液等交替使用防治各类叶、果病害。间隔期为 10~15 天;梨木虱仍需防治 1~2 次,有效药剂高效氯氰菊酯 2 000 倍液、阿维菌素 4 000 倍液、士达 1 500 倍液、乐斯本 1 500 倍液等,兼治食心虫、蝽象、介壳虫等;若黄粉虫仍有发生,仍用上述有效药剂;蝽象防治同前述;二斑叶螨发生重的,要及时喷阿维菌素 4 000 倍液或三唑锡 1 500 倍液防治。

注意此期为雨季,最好选用耐雨水冲刷药剂,或在药剂中加入农药展着剂、增效剂等;喷药时加入 300 倍液尿素及 300 倍液磷酸二氢钾,可增强树势,提高果品质量;雨季要慎用波尔多液及其他铜制剂,以免发生药害。

6.近成熟期至采收期（8月中旬至9月中旬）

防治对象：黑星病、黑斑病、黄粉虫、梨木虱等。

防治措施：梨黑星病喷6％乐必耕1 000～1 500倍液或40％福星5 000倍液、大生 M-45 800倍液、腈菌唑3 000倍液或特谱唑2 000倍液防治；10％吡虫啉3 000倍液或敌敌畏1 000倍液或阿维菌素3 000～4 000倍液，防治黄粉虫或梨木虱。

注意黑星病防治关键期果实受害严重；喷药时加入300倍液尿素和300倍液磷酸二氢钾，可增强树势，提高果品质量；不再使用波尔多液，以免污染果面。

7.落叶期（11～12月）

清除园内落叶、病果及各种杂草。

九、采收包装与贮藏

(一)适期采收

1. 适宜采收期的确定

梨果采收时期是否适宜,对产量、品质和耐贮性均有显著影响,同时也影响翌年的产量和果实品质。采收过早,果实发育不完全,果个小,风味差,不耐贮存,严重降低产量和品质。采收过晚,则同样影响次年产量,果肉衰老快,也不耐贮藏。因此,适期采收是梨果生产中不可忽视的重要环节。一般情况下,适宜的采收期要根据果实的成熟度来确定。判断成熟度的依据是果皮颜色、果肉风味及种子颜色等。梨果充分发育,种子变褐,果肉具有芳香,果柄与果台容易分离,绿色品种的果皮呈现绿白或绿黄色,黄色或褐色品种果皮呈现黄色或黄褐色,红色品种的红色发育完全,呈现本品种应有的颜色时,表明果实已经成熟,已到采收期。确定采收期还要考虑采收后梨果的用途。供应上市的鲜食果,可在果实接近充分成熟时采收;需要长途运输的,可适当提前采收;用于加工的要根据加工品对原材料的要求来确定采收期。

有些品种的成熟期并不一致,在生产中,必须根据果实的成熟度,有先有后地分批采收成熟度最适宜的果实。从适宜采收初期开始,每隔 7～10 天采收一次,可采收 2～3 次,这样可显著提高梨果的产量与质量。生产中早熟品种的采收期在 8 月上中旬,中晚熟品种为 9 月上旬,晚熟品种为 9 月下旬。

2. 采收方法

采收时果筐或果篮等装果器具,应当垫有蒲包、旧麻袋片或塑料泡沫等,采果人员剪短指甲,采果时由外到内、由下往上采摘。摘果时用手握住果实底部,拇指和食指按在果柄上,向上推,果柄即分离。切忌抓住梨果用力拉,以免果柄受损。摘双果时,用手先托住两个果,另一手再分次采下。轻拿轻放,防止果实碰压伤,尽量避免损坏枝叶及花芽,同时注意保证果柄完整。采果宜在晴天进行,在一天当中宜在果实温度最低的上午采收,而不宜在下雨、有雾和露水未干时进行,因果实表面附有水滴易引起腐烂。为避免果面有水引起腐烂,可在通风处晾干,严防日晒,在阴凉处预冷后分级包装。

(二)分级包装

梨果采收后运到包装场,首先挑除小果、病虫果、畸形果、机械伤果等,根据分级标准按果实大小分级,然后包装。良好的包装可以减少运输、贮藏和销售过程中相互摩擦、挤压等造成的损失,还可减少水分蒸发、病害蔓延,保持果实的新鲜度,提高耐贮性。

生产中采用的包装容器类型和大小应根据目的和销售对象来确定。如纸箱、木箱、钙塑瓦楞箱、条筐等。果实包装可减轻果实间的挤压,减少水分蒸发;经药剂处理的包装纸,还具有防腐保鲜的效果,报纸要求质地柔软,薄且半透明,也可用泡沫塑料制成网袋水果,减轻碰压。装箱时,先检查梨果规格和纸箱、纸格、纸板规格是否吻合。包装好的梨放入纸格内,装满一层盖一张纸板,装满箱后封严,并注明品种、等级、产地、重量等。

目前,梨果的分级包装向现代化处理迈进,集清洗、杀菌、涂蜡、分级、贴标签和精细包装等一系列商品化处理,从而提高了果品的竞争力和市场信誉度。

(三)贮藏保鲜

目前梨果贮藏的方法较多,大体可分为两类:一类是利用和调节自然温度进行贮藏,贮藏方式和构造比较简单,成本低,但贮藏效果一般。其中地沟等仅少量贮藏应用。另一类是利用机械制冷法控制在低温条件下进行贮藏,尽管成本高,但贮藏效果好。下面介绍几种贮藏方法,可根据当地条件、梨品种、贮藏期及经济状况、技术水平等因素选择使用。

1.沟藏

沟藏可将梨果按一定的方式堆积起来,然后根据气候条件,采用保温隔热材料进行覆盖,以隔热或防冻、保暖。沟藏是我国北方梨产区利用自然温度贮藏的传统方法之一。多选择地势比较干燥平坦、不积水的地块,如选果场、梨树行间等作为贮藏场所,沿东西方向开挖宽1.5~2.0米、深0.7米、长10~15米的贮藏沟。将沟底挖出的土翻在沟沿上,使沟的总深度达1米左右,沟底铺2~3厘米厚的干净细沙,沟上盖10~20厘米厚的草。沟内每隔1米砌一个30厘米宽的砖垛,作为检查果品时的立脚空间。入贮梨果经夜间遇冷后,早晨装筐放入沟内,白天沟上盖草垫,夜间揭开冷却,直至沟内温度降到0℃时,夜间不再揭盖。

2.棚窖贮藏

棚窖贮藏比沟藏规模稍大,梨果采收后堆放在果树行间的地面上预冷。梨宜卧放,梨堆高30厘米,宽40厘米左右,梨堆成梯形,以防塌堆。为防日晒,白天盖席,早晚打开通风。堆1个月左右,再选果装筐,装筐后加盖,仍堆放在果树行间,筐上盖席,"小雪"前后加盖入窖。

棚窖的深度为2米,宽3~5米,长15米左右。用木料作棚顶。窖内设2个天窗(每个天窗长2.5米,宽1.5米)及门(高1.8米,宽0.9米)。果实初入窖时,门窗打开,利用早晚较低气温通风换气,当窖温降至0℃时,关闭门窗,并随气温的降低,于窖顶分次加厚覆土,最后达20～30厘米。棚窖周围挖排水沟,防止雨水灌入窖内。

3.通风库贮藏

通风库也是利用自然冷库来降温的永久性建筑,有地下式、半地下式和地上式等。通风库是利用冷热空气对流,引入冷空气使库温下降。有冷气进口和热气出口等通风装置。进气系统,一般在库房基部设进气窗或导气筒。地上式库应经过地下道进气。半地下式库多用屋檐窗或墙壁进气筒导入空气。进气窗要安装在北面和气流通畅的位置。出气系统,排气筒设在库顶,与进气筒互相配合,构成一个对流通风系统。通风库的墙壁、屋顶、地墙及通风的进排气窗(筒)要采用隔热材料,以便保温。通风库的管理工作,主要是温湿度的调控。通过控制通风的时间和风量,以调节库内的温、湿度,达到适宜条件。最好选用保鲜纸包果装箱,箱子要牢固,码垛稳妥并适于通风流畅。

4.冷藏

机械冷藏库是在绝热良好的库房内安装制冷设备,通过人工调节温度达到梨果良好的保鲜效果。

果实入库前要对库房进行打扫、消毒(用1‰的福尔马林喷淋),所有包装、运输工具也要消毒杀菌。同时,对梨果进行质量、数量等抽查,防止霉变、腐烂的果实入库。如鸭梨果实入库后一般温度可达18℃以上,通过控制开机时间以每5天降低1℃的速度,降至10℃以后每3天降1℃,降至4℃,再每两天降1℃,直至库温降低并稳定在1℃。温度不能低于0℃,否则会引起冷害。相对湿度要求90%以上。

梨的冷藏管理主要内容是保持稳定的温度、通风换气和保持一定的湿度。通风换气:鸭梨不耐CO_2,贮藏环境的CO_2不能高于1%。为减少CO_2和其他有害气体,要注意通风换气。用塑料袋包装时不能扎口或用小塑料单果包装。用塑料小袋包装可减少失水,关键是库温保持稳定,减少排管结霜,也可在地面洒水,增加库内湿度。洒水可以洒在经消毒过的木屑、草帘等载水物上。

5. 气调贮藏

通过调控贮藏环境中的气体成分及温度,将果实置于低氧、高二氧化碳及适宜的低温条件下,使其生命活动及呼吸代谢作用处于低谷阶段,从而达到保鲜目的。其作用效果是降低果实自身营养成分的消耗,推迟呼吸高峰期的出现,延缓果实的成熟及衰老进程;抑制果实内部乙烯的生成,减弱乙烯对果实的催熟作用;抑制微生物的生长繁殖,减轻果实的腐烂,降低损失;减少果实水分和叶绿素的损耗,使果实达到保脆、保色的效果。

气调贮藏有自发式气调及机械气调两种贮藏方式。自发式气调是利用果实自身呼吸作用来建立与维持气调状态。梨的塑料薄膜袋小包装气调、塑料薄膜大帐气调均属自发式气调贮藏。机械气调贮藏是用气体发生器等机械设备调控气体成分,维持气调贮藏环境,生产中常用的设备为机械气调库。

(1)梨薄膜小包装气调贮藏:把梨果放在0.02~0.04毫米厚的聚乙烯薄膜袋中气调贮藏。由于塑料膜透湿气性差,袋中的相对湿度几乎达到100%,因而贮藏中,梨果干耗量极少,果实可长时间保持新鲜。

在薄膜袋内,由于果实的呼吸作用,二氧化碳含量升高,氧的含量降低。当袋内二氧化碳浓度高于袋外大气中的浓度时,即开始向外渗透,同时氧气则向袋内渗透。袋内外气体的渗透与薄膜的厚度及材料性质有关。果实刚入贮的前期温度较高,呼吸强度大,袋内氧气的浓度下降比较迅速,很快就形成了一个低氧、高二氧化碳环境。如果继续下去,果实会受到缺氧和二氧化碳中毒的伤害。因此,选择塑料袋材料一定要慎重。

梨果气调常用薄膜保鲜袋材料有低密度PE袋、高压低密度聚乙烯袋、无毒PVC聚氯乙烯袋、复合材料保鲜袋等,每袋容量分5千克、10千克、15千克等几种。PE膜的厚度分别为0.02毫米、0.03毫米、0.04毫米,一般不超过0.05毫米。贮藏温度以0~5℃为宜,袋内的氧气含量控制在5%以下,二氧化碳含量控制在3%以上。

(2)梨塑料膜大帐气调贮藏:选用耐低温、热封性好的无毒聚氯乙烯作大帐材料,膜厚0.02~0.03毫米,制成长方形帐子。

大帐上设进气口及抽气口,帐周围设置取样的小孔,帐底铺一块塑料膜,面积大于帐顶,果箱放在底膜上,用大帐罩好后,用烙铁将帐底热合密封,用胶带贴牢封口。此外,大帐要安装抽气机、制氮机、氧气及二氧化碳测定仪等仪器。抽气机用于抽气快速降氧及促进帐内气体循环;制氮机用于制作氮气填充袋内,常用焦炭分子制氮机;氧气及二氧化碳测定仪可用国产氧气、二氧化碳检测仪或奥氏气体分析仪。降氧方法有自然降氧和人工降氧两种。自然降氧即利用果实的呼吸作用降氧,并在帐内预先放入占总果重1%的消石灰,以吸收果实放出的二氧化碳。

人工降氧时先用抽气机把帐内空气抽出一部分,使帐紧贴果箱,然后充入由制氮机制取的浓度为99%的氮气,使帐恢复原状。反复进行3次后,即可使帐内氧气含量降到3%左右。也可先使用人工快速降氧,使帐内氧气含量降到10%后,再采用自然降氧法,使帐内氧含量降至3%左右。大帐气调也可先在机械冷库中进行,待果温预冷到10℃时再入帐。

在贮藏过程中,要经常取样检查气体成分和帐内温度,确保氧气含量保持在3%左右,二氧化碳含量保持在3%,果温控制在0℃左右。

图书在版编目(CIP)数据

梨绿色高效生产关键技术/王少敏,王宏伟主编.
—济南:山东科学技术出版社,2014
(绿色果品高效生产关键技术丛书)
ISBN 978-7-5331-5872-9

Ⅰ.①梨… Ⅱ.①王… ②王… Ⅲ.①梨—果树园
艺—无污染技术 Ⅳ.①S661.2

中国版本图书馆 CIP 数据核字(2014)第 025605 号

绿色果品高效生产关键技术丛书

梨绿色高效生产关键技术

王少敏　　王宏伟　主编

出版者:山东科学技术出版社
　　　　地址:济南市玉函路 16 号
　　　　邮编:250002　电话:(0531)82098088
　　　　网址:www.lkj.com.cn
　　　　电子邮件:sdkj@sdpress.com.cn
发行者:山东科学技术出版社
　　　　地址:济南市玉函路 16 号
　　　　邮编:250002　电话:(0531)82098071
印刷者:山东临沂新华印刷物流集团有限责任公司
　　　　地址:临沂市高新技术产业开发区新华路
　　　　邮编:276017　电话:(0539)2925659

开本:850mm×1168mm　1/32
印张:6
版次:2014 年 3 月第 1 版第 1 次印刷

ISBN 978-7-5331-5872-9
定价:14.00 元